KB096086

슈퍼카 타고 우주 한 바퀴

슈퍼카 타고 우주 한 바퀴

초판 1쇄 발행 2022년 8월 22일
초판 2쇄 발행 2023년 4월 14일

글 이광식
그림 김혜형

펴낸이 양은하
펴낸곳 들메나무 출판등록 2012년 5월 31일 제396-2012-0000101호
주소 (10893) 경기도 파주시 와석순환로 347 218-1102호
전화 031) 941-8640 팩스 031) 624-3727
전자우편 deulmenamu@naver.com

값 15,000원 ⓒ 이광식·김혜형, 2022
ISBN 979-11-86889-29-9 (43440)

* 잘못된 책은 바꿔드립니다.
* 이 책의 전부 또는 일부 내용을 재사용하려면
 사전에 저자와 들메나무의 동의를 받아야 합니다.

슈퍼카 타고 우주 한바퀴

이광식 글 | 김혜령 그림

중2병 제대로 온 사춘기들을 위한 신박한 우주여행

들메나무

'중2병' 제대로 온 사춘기들을 위한 신박한 처방전,
자, '빅뱅'에서부터 시작합시다!

햇살 환히 퍼지는 먼바다로 돛을 한껏 펼친 채
희망찬 항해에 나서는 배-.
우리 청소년들을 보면 늘 떠오르는 이미지입니다.
얼마나 가슴 부푼 순간인지 여러분은 실감하시나요?

하지만 이런 희망찬 항해에 나선 우리 청소년들은
안타깝게도 그다지 행복하지 못한 듯해요.
얼마 전 나온 기사를 보니 한국 청소년의 행복지수가
OECD 22개 국가 중 20위라네요.
게다가 청소년 사망 원인 1위는 9년째 자살이며,
성적 스트레스에 따른 우울증과 싸우는 청소년이
4명 중 1명꼴이라고 합니다.

자살을 생각해본 적이 있다는 청소년이 5명 중 1명인데,
특히 중학생이 월등히 높은 비율로 나타났습니다.
이 책을 하이틴이 아닌 10대 전반의 나이,
로틴(LOWTEEN)을 염두에 두고 쓴 것은 바로 그 때문입니다.

〈슈퍼카 타고 우주 한 바퀴〉는

이처럼 힘든 시기에 들어선 대한민국 로틴 여러분들에게

조금이나마 힘이 되어주고 싶은 마음에서 쓴 것입니다.

그런 거 다 별것 아니다,

가슴 펴고 고개 들어 하늘을 보라고 권하기 위한 것입니다.

우주를 가슴과 머리에 담고 사는 사람과

그렇지 않은 사람의 삶은 분명 다를 거라고 나는 생각합니다.

별을 아는 아이는 생각이 깊어집니다.

우주를 보는 아이는 가슴이 웅장해집니다.

이것이 내가 우리 청소년들에게

우주를 들려주고 싶어 하는 가장 큰 이유입니다.

대한민국의 미래는 우리 로틴에게 달려 있습니다.

그럼에도 힘든 시기를 보내는 그들을 응원하며,

여기 슈퍼카 우주여행으로 초대합니다.

우주 역사 138억 년을 다 되짚어 볼 수 있는 여행,

이보다 겁나게 낭만적인 것이 또 있을까요!

강화도 퇴모산에서 지은이 씀

차례

머리말

'중2병' 제대로 온 사춘기들을 위한 신박한 처방전,   006
자, '빅뱅'에서부터 시작합시다!

Chapter 1.
우주는 얼마나 클까? 차로 달려보자

괴짜 끝판왕인 세계 최고 갑부   014

화성으로 출발한 로드스터와 스타맨   016

우리도 상상의 스포츠카를 타고 우주를 달려보자   017

지금 보는 태양은 8분 전의 태양   019

슈퍼카의 '그랜드 투어', 태양계 끝까지   023

'첫사랑은 잊어도 첫 토성은 못 잊는다'   026

망원경 발명 후 발견된 두 행성은?   030

'천문학은 인격 형성을 돕는 과학'   033

box-1 ▸ '창백한 푸른 점', 60억km 밖에서 보는 지구   036

가장 가까운 별 프록시마까지 6만 년   038

지구의 '우주 주소'를 아시나요?   041

box-2 ▸ 행성 이름들은 어떻게 지어졌을까?   046

box-3 ▸ 달도 지구를 떠난다 -10억 년 후의 이별   048

Chapter 2.
우주도 우리처럼 생일이 있다고요?

타임머신 차를 타고 빅뱅의 현장으로…   052

빅뱅, 제대로 한번 알아봅시다   055

세상은 왜 텅 비어 있지 않을까?   057

지금도 우주는 팽창 중   061

기약 없이 멀어져가는 은하들   064

빅뱅의 증거가 발견되었다!   069

'신호는 빅뱅 우주를 의미했다!'   072

세상은 무엇으로 이루어져 있을까?   074

태초의 우주 공간에 가장 먼저 나타난 물질   077

'빛이 있으라'   078

우주에 수소가 가장 많은 이유   080

천지를 만든 하나님의 '말씀'은 수소였다   081

box-4 ▸ 빛이란 무엇일까? —놀라운 빛의 정체   086

Chapter 3.
세상에서 가장 오묘한 물건, 별

별이 반짝이는 이유   090

빅뱅 공간에 나타난 수소구름이 맨 처음 한 일   094

별들도 우리처럼 늙고 죽는다　　　　　　　　　098

70억 년 후 태양은 죽는다　　　　　　　　　　101

box-5 ▶ 밤하늘은 왜 어두울까? —올베르스의 역설　　104

별이 우주의 주방장이라고요?　　　　　　　　106

철보다 무거운 원소는 초신성 레시피로　　　　107

'별에서 온 당신'　　　　　　　　　　　　　110

철학자의 엉덩이를 걷어찬 천문학자　　　　　114

box-6 ▶ 알수록 신기한 별빛 이야기　　　　　116

box-7 ▶ 별자리는 대체 무엇에 쓰는 물건인고?　　118

Chapter 4.
별들이 만든 도시, 은하

은하수는 무엇일까?　　　　　　　　　　　122

미리내 은하의 형태　　　　　　　　　　　125

최초의 은하는 빅뱅 직후 10억 년 이내에 나타났다　128

온 우주의 은하 개수는 2천억 개　　　　　　130

은하 진화는 충돌의 역사　　　　　　　　　133

우리은하와 안드로메다은하가 충돌한다!　　　136

box-8 ▶ 별이 많을까? 지구상의 모래가 많을까?　　140

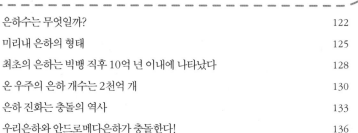

Chapter 5.
블랙홀이 이렇게 괴상한 거라니…

블랙홀이 태어난 곳이 인간의 머릿속이라고?　　144

블랙홀 등장, 백조자리 X-1　　　　　　　　146

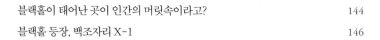

블랙홀 존재, 어떻게 알 수 있나?   150

블랙홀, 화이트홀, 웜홀   152

블랙홀도 '과체중'은 싫어한다   157

보이지 않는 블랙홀 사진 찍었다!   159

box-9 ▸만약 내가 블랙홀 안으로 떨어진다면?   164

Chapter 6.

외계인들은 대체 어디 있는 거야?

태양계에서 생명체가 있을 만한 곳   168

외계 문명, 과연 있을까?   169

제2의 지구를 찾아서   172

box-10 ▸그 많던 공룡들은 왜 다 죽었을까?   178

box-11 ▸만약 내가 운석을 발견한다면? −운석 발견시 매뉴얼   180

Chapter 7.

우주는 끝이 있을까?

우주는 끝이 있다? 없다?   184

'안과 밖'이 따로 없는 우주의 구조   185

우주는 어떤 종말을 맞을까?   190

우주 종말 시나리오 3종 세트   191

우주와 마지막 인사를…   196

box-12 ▸외계인 받으세요~ −보이저 1호의 몸통에 붙인 편지   198

Chapter 1

우주는 얼마나 클까?
차로 달려보자

'나는 누구인가?'를 알고 싶으면 먼저 자신이 있는 곳,
바로 우주를 알아야 한다.
— 조용민 한국 물리학자

괴짜 끝판왕인 세계 최고 갑부

지금 세계에서 누가 최고 갑부일까요?

전기자동차 업체 '테슬라'의 최고경영자인 일론 머스크와 세계 최대 전자상거래 업체인 '아마존' 창업자 제프 베이조스가 나란히 1, 2위에 이름을 올리고 있다고 해요.

이들의 재산은 과연 얼마나 될까요? 둘이 합쳐 우리 돈으로 600조가 넘는다고 해요. 참고로, 우리나라 1년 예산이 약 500조 정도라 하니, 이들이 얼마나 엄청난 재산을 갖고 있는지 이제 좀 실감이 나지요?

우주 얘기 첫머리에 웬 뜬금없는 돈 얘기냐고요? 네, 일론 머스크란 사람 때문인데요, 전기자동차를 만들어 떼돈을 번 이 사람은 물리학을 전공한 괴짜 사업가로, 우주개발 회사인 '스페이스X' 사의 경영자이기도 하답니다. 머스크는 오래전부터 우주관광과 화성 식민지 개척이라는 거창한 꿈을 실현하기 위해 열정을 쏟아붓고 있는 중인데요. 이 괴짜는 어릴 때부터 우주에서 맞이할 인류의 운명을 보호하는 것이 자신의 의무라고 생각했답니다. 스케일도 참 크지요?

그는 "인간을 다행성 종족(multi-planetary species)으로 만들겠다"고 선언하고, 2029년 이후 화성에 지구인 정착촌을 세운다는 당찬 야심을 공표하기도 했답니다. 그가 이끄는 스페이스X는 가까운 시일 안에 우주여행선 '스타십(Starship)'의 시제품을 발사대에 올릴 계획이랍니다.

지난 2018년, 머스크는 화성 개척 전 단계로 23층 건물 높이의 대형 발사체 '팰컨헤비'에 자신이 몰던 빨간 테슬라 전기 스포츠카 로드스

🐾🚀 2018년 2월 6일 지구를 떠난 스페이스X의 스타맨과 머스크의 테슬라 스포츠카 로드스터. 셀카로 찍은 사진 뒤로 지구가 보인다. (출처/SpaceX)

🐾🚀 달에 착륙한 스페이스X의 우주여행선 스타십 상상도. 화성으로 보낼 계획으로 제작 중이다. (출처/SpaceX)

ᠵᢙ 테슬라 CEO 일론 머스크는 2024년이면 스페이스X 우주선으로 달에 우주비행사를 착륙시킬 수 있을 것으로 전망했다. (출처/SpaceX)

터를 실어 화성으로 발사했습니다. 차에는 흰색 우주복을 입은 마네킹 '스타맨(Starman)'과 영상 카메라 세 대를 실었지요. 첫 비행에선 실패 확률이 높기 때문에 인간 우주인 대신 마네킹을 탑승시킨 거랍니다.

화성으로 출발한 로드스터와 스타맨

로드스터에 탄 스타맨은 초속 11km로 날아 지구를 떠난 지 9개월 만에 화성 너머 궤도로 진출했습니다. 하지만 스타맨과 그의 차가 화성 너머 우주 공간에 영원히 머무르는 것은 아니랍니다. 스타맨은 지구에서 4억km 떨어진 곳까지 달려간 후 긴 타원궤도를 그리며 태양에 가까워지기도 하고 멀어지기도 하면서 태양 둘레를 돌게 되는데 앞으로 수억 년간, 어쩌면 10억 년 동안 그 궤도에 있을 거라고 해요.

577지구일에 1회씩 태양을 공전하는 스타맨은 앞으로 수천만 년 내에 지구나 금성에 충돌할 것으로 예측되고 있답니다. 이 우주 스포츠카가 100만 년 내에 지구에 충돌할 확률은 6%이고, 금성과 충돌할 확률은 2.5%라 해요.

스타맨과 로드스터는 현재 우주 공간을 25억km 달리고 있는 중

🚀 화성이 인류에 의해 개척되어 제2의 고향이 된 모습을 묘사한 스웨덴의 개념화가 빌 에릭슨의 그림. 화성 지표에 세워진 거대한 돔형 구조물 속에 도시가 입주해 있는 화성 식민지 상상도이다.

입니다. 이는 지구-태양 간 거리의 약 17배로, 지구상의 모든 도로를 70배 이상 주행할 수 있는 먼 거리예요. 하지만 이 거리는 앞으로 로드스터가 달려야 할 거리에 비하면 눈썹 길이 정도밖엔 안 된답니다.

우리도 상상의 스포츠카를 타고 우주를 달려보자

어때요? 빨간 스포츠카를 타고 우주를 달리는 스타맨이 부럽지 않나요? 그러면 우리도 상상의 우주 슈퍼카를 타고 한번 달려볼까요? 이 별아저씨가 스타맨이 되어 운전하고, 우리 별빛중학교 2학년 예별 양

은 조수석에 타고 함께 우주여행을 떠나는 거예요.

아, 한 가지 더! 우리를 우주 이곳저곳으로 데려가야 하니 시간여행도 가능한 타임머신 슈퍼카로 업그레이드해보아요. 상상으로라면 못할 게 없죠. 아인슈타인이 말했죠. "상상력은 지식보다 위대하다"고.

자, 그럼 우리도 상상의 우주 슈퍼카를 타고 신나게 우주를 달려보아요. 달리면서 우리가 사는 우주가 얼마나 큰지, 또 어떻게 생긴 동네인지 함께 구경하고 공부하도록 해요.

이 차에는 주행거리를 기록하는 계기판이 달려 있어요. 일단 시속

슈퍼카 타고 우주 한 바퀴

100km로 고정시켜 달리기로 하죠. 보통은 고도 100km부터 우주 공간이라고 부른답니다. 그러니까 차를 한 시간 달리면 계기판 숫자는 '100'을 찍고 우리는 우주로 날아가는 거지요.

그 다음으로 계기판에 찍힐 의미 있는 숫자는 '40,000'입니다. 우리가 사는 이 지구의 둘레가 바로 4만km거든요. 지구의 지름이 12,700km니까, 여기에 파이(π)값 3.14를 곱하면 대략 그렇게 나옵니다. 4만km만 해도 아주 먼 거리랍니다. 시속 100km로 달리는 차의 가속 페달을 400시간 동안이나 밟고 있어야 가는 거리지요.

자, 그 다음으로 찍힐 중요한 숫자는 무엇일까요? 이건 좀 어려울 수 있어요. 바로 '300,000'입니다. 30만km는 우주에서 가장 빠르다는 빛이 1초 동안 달리는 거리랍니다. 지구를 일곱 바퀴 반이나 도는 거리지요. 빛의 속도가 중요한 이유는 바로 우주의 거리, 크기를 재는 가장 기본적인 잣대이기 때문이에요.

빛이 1년 동안 달리는 거리를 1광년, 하루 달리는 거리는 1광일, 1시간은 1광시, 1분은 1광분이라 합니다. 1광년은 약 10조km쯤 되죠. 우주선으로 40년을 달려야 갈 수 있는 이 넓은 태양계도 빛은 하루면 다 도착한답니다.

지금 보는 태양은 8분 전의 태양

그 다음으로 계기판에 찍힐 중요한 숫자는 '380,000'. 38만km라면

어디까지의 거리일까요? 네, 바로 지구의 유일한 위성인 달까지의 거리랍니다. 물론 달은 지구와 가까워졌다 멀어졌다 하지만, 평균거리가 38만km라는 거예요.

아까 지구 지름이 12,700km라 했으니까, 지구를 징검다리처럼 30개 정도 죽 늘어놓으면 달에 닿을 수 있겠네요. 생각보다 멀지 않죠? 빛으로는 1.2광초, 약 1.2초 걸리는 거리지만 우주선으로 가면 사나흘은 걸린답니다. 우리 슈퍼카로 간다면 3,800시간, 약 160일이 걸리겠네요.

다음의 의미 있는 숫자는 '150,000,000'입니다. 1억 5천만km. 네, 바로 태양까지의 거리예요. 빛으로 달리면 약 500초, 그러니까 8분 20초가 걸리고, 우리 슈퍼카로는 170년 동안 쉬지 않고 달려가야 하는 어마무시한 거리죠. 올려다보면 저렇게 빤히 보이는 태양이 그렇게도 멀리 있다니, 잘 믿어지지 않죠? 하지만 이 거리도 우주의 크기에 비하면 눈썹 길이 정도나 될까요?

여기서 우리는 또 하나 중요한 사실을 기억해야 해요. 햇빛이 지구까지 오는 데 8분 20초가 걸린다면 지금 우리가 보는 태양은 바로 8분

ˋ─⇲ 보름달과 비행기. 오래 기다린 끝에 찰칵. 과천에서 촬영. (사진/김경환)

20초 전 과거의 태양이란 거예요. 지금 이 순간 태양을 출발한 빛은 8분 20초가 지나야 내 눈에 도착한다는 겁니다. 그러니 동해 수평선 위로 일출을 보았다고 환호하는 순간, 그 해는 이미 8분 20초 전에 떠오른 거랍니다. 이것을 보면 우주는 공간이 곧 시간임을 알 수 있죠.

태양-지구 간의 거리 1억 5천만km를 천문학에서는 1천문단위라 하고, 영어로는 1AU(Astronomical Unit)라고 합니다. 우주를 재는 또 하나의 잣대지요. 태양-수성 간 거리는 0.4AU, 태양-해왕성 간 거리는 30AU 하는 식으로요.

슈퍼카의 '그랜드 투어', 태양계 끝까지

　우리의 빨간 우주 슈퍼카는 용맹무쌍하게 6,000도로 이글거리는 태양 옆을 지나갑니다. 지금 태양 부근에는 2018년에 발사된 미국의 태양 탐사선 '파커 솔라'가 태양의 신비를 캐기 위해 궤도를 돌고 있답니다. 아, 저기 보이네요. 지금 근접비행(flyby)을 하기 위해 열방패를 앞세우고 태양을 향해 돌진하고 있군요. 2025년까지 저렇게 임무를 수행할 거랍니다.

　"파커 솔라, 인류를 위해 계속 수고해줘~."

　우리 슈퍼카는 태양 옆을 스쳐 지나 계속 우주를 달려갑니다. 지구를 떠나온 지는 벌써 170년이나 되었지만, 나도, 예별이도, 차도 어제 떠난 듯 말짱합니다. 슈퍼카 안에서는 시간이 흐르지 않거든요.

　태양을 향해 돌진하는 미국의 파커 솔라 태양 탐사선 상상도. (출처/NASA)

╲╭╮ 스카이 크레인에 매달려 화성에 착륙하는 탐사선 퍼서비어런스. (출처/NASA)

╲╭╮ 화성 하늘을 나는 우주 헬기 인저뉴어티.
(출처/NASA)

태양에서 가장 가까운 제1 행성인 수성으로 출발하기 전에 일단 계기판을 리셋해서 0으로 만든 후 달려봅시다. 계기판에 '60,000,000'이 찍힐 무렵 수성의 모습이 나타납니다. 태양으로부터 6천만km 떨어진 궤도를 돌고 있는 태양계 제1 행성이죠. 태양계 8개 행성 중 가장 작은 수성은 크기가 지구의 0.4배인 암석 행성이랍니다.

그 다음은 금성, 지구를 건너뛰어 네 번째 행성 화성으로 직행합시다. 지구의 바로 바깥 궤도를 돌고 있는 화성은 태양으로부터 2억 3천만km(1.5AU) 떨어져 있는데, 태양에서 출발한 우리 차가 약 260년 달려야 하는 거리입니다.

　지금 이 화성 표면에는 얼마 전 착륙한 미국의 탐사선 퍼서비어런스(Perseverance, '인내'라는 뜻)가 화성 생명체의 흔적을 찾고 있는 중이에요. 탐사선이 싣고 간 화성 헬기 인저뉴어티(Ingenuity, '독창성'이란 뜻)가 인류 최초로 지구 외 행성에서 동력 비행에 성공했다는 소식이 세계의 언론에 올랐는데, 뉴스로 본 학생들도 있을 거예요. 인류의 우주 개척사에 한 페이지를 장식할 만한 위대한 업적이죠.

　만약 퍼서비어런스가 화성에서 생명체의 흔적을 찾는 데 성공한다면 역사상 최대 뉴스가 될 게 틀림없겠죠. 지금은 바짝 말라버린 화성이지만, 과거 한때는 지구처럼 바다가 출렁거렸던 행성이었답니다. 생명체가 살았을 가능성이 아주 높았다는 얘기죠.

　고대의 화성(상상도). 바다가 20%를 차지한 온화한 행성이었다. (출처/NASA)

'첫사랑은 잊어도 첫 토성은 못 잊는다'

화성을 지나면 태양계 제5행성인 목성을 만나게 됩니다. 거리는 약 8억km(5.3AU)인데, 우리 슈퍼카로 가려면 약 900년이 걸린답니다. 아직 태양계의 반도 지나오지 않았는데 이처럼 오래 걸리다니, 참 놀랍고도 기가 막히죠.

태양계의 8개 행성 중 수성, 금성, 지구, 화성까지는 암석으로 된 암석 행성(지구형 행성)이지만, 목성부터 토성, 천왕성, 해왕성은 가스로 된 가스 행성(목성형 행성)이랍니다. 가스 성분은 대부분 수소이고 약간의 헬륨 등이 섞여 있어요. 말하자면 가스 행성은 거대한 수소가스 덩어리라 보면 되겠죠.

이 8개 행성 중 목성이 가장 큰 덩치를 자랑하는데, 지름이 무려 지구의 11배가 넘는답니다. 게다가 1610년에 갈릴레오 갈릴레이가 발견한 갈릴레이 4대 위성을 포함하여 적어도 79개의 위성을 가지고 있는 달 부자이기도 하지요. 그리고 대적점이라고 불리는 엄청난 태풍이 유명해요. 수백 년 동안 계속되고 있는 이 목성의 대폭풍은 지구 몇 개는 퐁당 들어갈 만한 엄청난 크기랍니다. 저기 바로 보이네요. 정말 무시무시한 장관이죠?

목성을 지나면 역시 지구 지름의 9배가 넘는 거대한 가스 행성인 토성이 기다리고 있습니다. 아름다운 고리를 두르고 있어 태양계 행성 중 가장 멋쟁이로 통하는 토성은 태양으로부터 약 14억km(9.5AU) 정

Chapter 1. 우주는 얼마나 클까? 차로 달려보자

목성의 거대한 폭풍인 대적점. 수백 년 동안 불고 있다. (출처/NASA-ESA)

도 떨어진 거리에서 29년 주기로 태양 둘레를 공전하고 있죠. 그럼 우리 우주 슈퍼카로는 얼마나 걸릴까요? 네, 무려 1,600년 넘게 걸린답니다.

혹 밤하늘에서 망원경으로 토성을 본 적이 있나요? 누구든 아름다운 고리를 두른 이 토성을 직접 본 사람이라면 평생 그 모습을 잊지 못한답니다. 아, 저런 팽이 같은 것이 하늘에 떠 있다니, 완전 감동과 충

⌐← 지구-토성의 위치에 따라 달라지는 토성의 고리. 허블 우주망원경으로 찍었다.
(출처/NASA-ESA)

격이죠. 첫사랑은 잊어도 첫 토성은 못 잊는다는 말이 있을 정도랍니
다. 토성을 보고 천문학을 공부하기로 마음먹었다는 사람이 많아요.
그래서 천문학 동네에선 토성이 가장 많은 천문학자를 배출한 '대학'
이라는 우스갯말을 하기도 하죠. 만약 여러분 중 아직 토성을 보지 못
한 분이 있다면 가까운 천문대로 달려가서 하루라도 빨리 그 감동을
맛보길 바랍니다. 강추!!!

망원경 발명 후 발견된 두 행성은?

자, 그러면 이제 여러 가지 재미난 화제를 듬뿍 안고 있는 천왕성을 만나러 갑시다. 천왕성은 거대한 가스 행성으로, 태양으로부터 약 30억km(20AU) 거리의 궤도를 공전하고 있어요. 천왕성의 특이한 점은 바로 망원경이 발명된 후 최초로 발견된 행성이란 점이죠. 토성까지는 고대인들도 다 알고 있었고, 인류는 17세기에 들어서까지도 토성까지가 태양계의 전부인 줄 알았답니다.

그런데 1781년, 직업이 오르간 연주자인 영국의 한 아마추어 별지기가 손수 만든 망원경으로 천왕성을 발견했습니다. 태양계를 하루아침에 두 배 이상 확장시킨 대사건이었죠. 윌리엄 허셜이라는 별지기는 이 발견 하나로 천문학사에 영원히 자기의 이름을 남겼을 뿐 아니라, 왕의 임명으로 일약 왕실 천문학자가 되었답니다. 그야말로 벼락출세

망원경이 발명된 후 발견된 천왕성과 해왕성. (출처/NASA/JPL)

보이저 2호가 찍은 천왕성 5대 위성의 몽타주 그림. 이 5대 위성의 지하에 바다가 있을 가능성이 높은 것으로 알려졌다. (출처/NASA/JPLL)

한 거죠. 천체를 하나 발견해서 이렇게 신분이 수직상승한 예는 어디에서도 찾아보기 어렵지요.

어쨌든 이 천왕성의 발견으로 인류가 수천 년 동안 믿어온 아담하던 태양계의 크기가 갑자기 두 배로 확장되는 바람에 세상 사람들은 당황해서 어리둥절할 수밖에 없었어요. 천왕성의 발견이 당시 사회에 던진 충격파는 신대륙 발견 이상으로 엄청나게 컸답니다.

천왕성은 시속 100km인 우리 슈퍼카로 무려 3,400년이 걸리는 거리에 있어요. 이 천왕성이 태양을 한 바퀴 도는 데 84년이 걸립니다. 사람의 한평생과 맞먹죠. 희한하게도, 천왕성 발견자 윌리엄 허셜이 그토록 좋아하던 우주로 떠난 나이도 84살이었답니다. 아마 천왕성 곁을 지나면서 반갑게 손을 흔들었을 거예요.

이제 태양계 행성도 막내인 해왕성 하나만 남았네요. 우리가 탄 우주 슈퍼카가 태양을 출발한 지 5,100년이 훌쩍 넘어서 계기판에 45억 km(30AU)가 찍힐 때 태양계의 마지막 행성인 해왕성이 아름다운 청록색의 모습으로 짠~ 하고 나타납니다. 망원경의 발명 후 발견된 해왕성도 공전 주기가 약 165년이나 된답니다. 해왕성에 얽힌 재미있는 일화를 소개할게요.

천왕성이 발견되고 그로부터 반세기 남짓 된 1846년, 영국의 애덤스와 프랑스의 르베리에가 해왕성을 발견했는데, 놀랍게도 망원경으로 발견한 것이 아니었어요. 천왕성의 움직임에 이상한 변화가 있는 것을 알아챈 애덤스와 르베리에는 천왕성 뒤쪽에 틀림없이 다른 천체가 있어 그 영향으로 천왕성이 흔들린다고 생각했어요.

두 사람은 이 미지의 행성에 관해 뉴턴의 만유인력 법칙에 따라 질량과 궤도를 계산해봤어요. 그 결과 그 뒤에 또 다른 행성이 있음을 알게 되었답니다. 망원경으로 그 자리를 훑어보니 과연 잘생긴 해왕성이 떡하니 있는 게 아니겠어요. 그래서 해왕성은 종이로 발견한 행성, 뉴턴 역학❶의 위대한 승리라는 화제를 낳았답니다.

종이로 새로운 행성을 발견하다니, 정말 놀랍지 않나요? 수학을 열심히 그리고 재미있게 공부해야 하는 것은 바로 이러한 이유 때문이랍니다.

---

❶ 뉴턴의 운동법칙(관성의 원리·가속도의 법칙·작용 반작용의 원리)에 기초를 두고 만들어낸 역학 체계

'천문학은 인격 형성을 돕는 과학'

해왕성에는 또 하나의 흥미로운 에피소드가 있답니다.

1977년, 쌍둥이 우주선 두 대가 2주일 간격으로 잇따라 지구를 떠났습니다. 미국이 쏘아 올린 보이저 1, 2호가 바로 그 주인공이죠.

두 탐사선은 최초의 외부 태양계 탐사라는 역사적인 '그랜드 투어' 임무를 띠고 1977년 목성, 토성, 천왕성, 해왕성 네 행성이 운 좋게 일렬로 섰을 때 발사되었습니다. 보이저 1, 2호는 목성과 토성을 근접비행(flyby)하면서 태양계의 가장 큰 두 행성에 대해 엄청난 정보를 전해 주었답니다.

보이저 1호가 출발한 지 13년 만인 1990년 밸런타인데이(2월 14일)에 해왕성 궤도를 지나고 있을 때 미국 항공우주국(NASA)으로부터 뜻하지 않은 명령을 전달받았어요. 카메라를 지구 쪽으로 돌려 지구를 비롯한 태양계 가족사진을 찍으라는 명령이었죠.

그날 태양계 바깥으로 향하던 보이저 1호는 지구-태양 간 거리의 40배(40AU)나 되는 60억km 거리에서 카메라를 돌려, 지구를 비롯해 화성, 토성 등 태양계 사진을 찍었답니다. '태양계 가족사진'으로 알려진 이 유명한 모자이크 이미지는 금성, 지구, 목성, 토성, 해왕성 및 천왕성의 6개 행성을 각각 몇 개 픽셀의 빛으로 포착한 거예요.

인류는 그 사진을 보고 큰 충격을 받았답니다. 사진에 찍힌 지구의 모습은 그야말로 광막한 허공 중에 떠 있는 한 점 티끌이었어요. 그 티끌 하나 위에서 70억 인류가 오늘도 서로 아웅다웅하며 살고 있다는

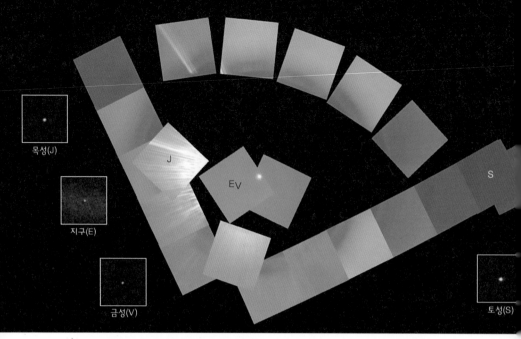

목성(J)

지구(E)

금성(V)

J

EV

S

토성(S)

보이저 1호가 지구를 찍을 때 함께 찍은 태양계 가족사진. 60장의 사진으로 겨우 다 담았다. 빛살 중앙은 태양, 사진의 글자가 각 행성 위치이다. 수성은 태양에 너무 가까워 들어가지 못했고, 화성은 운 나쁘게 렌즈 빛 얼룩에 묻혀버렸다. (출처/NASA)

사실을 지구촌 가족에게 자각시켜준 거지요. 천체사진 역사상 가장 철학적인 사진으로 꼽히는 이 사진을 보면 인류가 우주 속에서 얼마나 외로운 존재인지, 또 지구가 우주 속에서 얼마나 작고 연약한 존재인지를 절감하게 된답니다.

천문학자 칼 세이건은 이 사진을 '창백한 푸른 점(The Pale Blue Dot)'으로 이름 짓고, "여기 있다! 여기가 우리의 고향이다"라고 시작되는 감동적인 소감을 남겼어요. 그중에 "천문학은 사람에게 겸손을 가르치고 인격 형성을 돕는 과학"이라는 대목이 나옵니다.

이처럼 천체사진을 보거나 우주로 나가 지구를 본 사람들이 세계를 보다 넓고 깊게 보는 인식의 변화를 '조망효과'라 하는데, 영어로는 '오

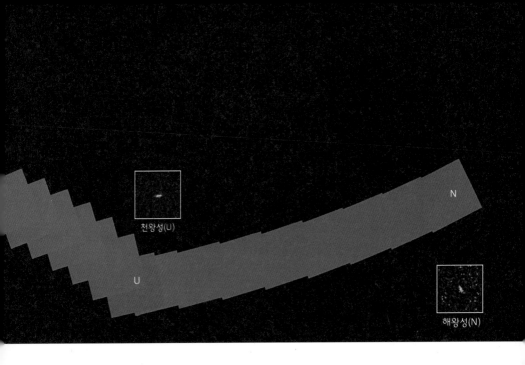

천왕성(U)

N

U

해왕성(N)

버뷰 이펙트(Overview Effect)'라 하지요.

　'창백한 푸른 점'을 뒤로 남기고, 인간이 만든 피조물로 가장 멀리 날아가는 기록을 세우고 있는 보이저 1호는 태양계를 벗어나 현재 지구에서 220억km(152AU) 떨어진 성간 공간을 초속 17km로 날아가고 있는 중입니다. 빛으로는 21시간 걸리는 거리죠. 이 우주선은 한국어를 비롯한 55개 언어로 된 지구 행성인의 인사말과 사진 110여 장 등이 담긴 골든 레코드를 품은 채 인류를 위해 지금도 쉼 없이 우주를 탐색하고 있답니다.

'창백한 푸른 점',
60억km 밖에서 보는 지구

보이저 1호가 지구로부터 60억km 떨어진 우주에서 찍은 이 사진을 보면 지구는 우주 속에 떠 있는 한 점 티끌임이 절실히 느껴진다. 아래는 지구에 '창백한 푸른 점'이라는 이름을 붙인 칼 세이건의 감동적인 소감이다.

다시 저 점을 보라.
저것이 여기다. 저것이 우리의 고향이다. 저것이 우리다.
당신이 사랑하는 모든 사람들, 당신이 아는 모든 이들,
예전에 그네들의 삶을 영위했던 모든 인류들이 바로 저기에서 살았다.

우리의 기쁨과 고통의 총량, 수없이 많은 그 강고한 종교들,
이데올로기와 경제정책들,
모든 사냥꾼과 약탈자, 영웅과 비겁자, 문명의 창조자와 파괴자,
왕과 농부, 사랑에 빠진 젊은 연인들, 아버지와 어머니들, 희망에 잔 아이들,
발명가와 탐험가, 모든 도덕의 교사들, 부패한 정치인들,
모든 슈퍼스타, 최고 지도자들,
인류 역사 속의 모든 성인과 죄인들이 저기-햇빛 속을 떠도는 티끌 위-에서
살았던 것이다.

지구는 우주라는 광막한 공간 속의 작디작은 무대다.
승리와 영광이란 이름 아래, 이 작은 점 속의 한 조각을 차지하기 위해
수많은 장군과 황제들이 흘렸던 저 피의 강을 생각해보라.

이 작은 점 한구석에 살던 사람들이,
다른 구석에 살던 사람들에게 보여주었던 그 잔혹함을 생각해보라.
얼마나 자주 서로를 오해했는지,
얼마나 기를 쓰고 서로를 죽이려 했는지,
얼마나 사무치게 서로를 증오했는지를 한번 생각해보라.

1990년 밸런타인데이에 해왕성 궤도에서 보이저 1호가 찍은 지구 사진. 저 한 점 티끌이 70억 인류가 사는 지구다. 인류가 우주 속에서 얼마나 외로운 존재인가를 말해준다. (출처/ NASA)

이 희미한 한 점 티끌은 우리가 사는 곳이
우주의 선택된 장소라는 생각이 한갓 망상임을 말해주는 듯하다.
우리가 사는 이 행성은 거대한 우주의 흑암으로 둘러싸인 한 점 외로운 티끌일 뿐이다.

이 어둠 속에서, 이 광대무변한 우주 속에서 우리를 구해줄 것은 그 어디에도 없다.
지구는, 지금까지 우리가 아는 한에서, 삶이 깃들일 수 있는 유일한 세계다.
가까운 미래에 우리 인류가 이주해 살 수 있는 곳은 이 우주 어디에도 없다.
갈 수는 있겠지만, 살 수는 없다.
어쨌든 우리 인류는 당분간 이 지구에서 살 수밖에 없다.

천문학은 흔히 사람에게 겸손을 가르치고 인격 형성을 돕는 과학이라고 한다.
우리의 작은 세계를 찍은 이 사진보다
인간의 오만함을 더 잘 드러내주는 것은 없을 것이다.
이 창백한 푸른 점보다 우리가 아는 유일한 고향을 소중하게 다루고,
서로를 따뜻하게 대해야 한다는 자각을 절절히 보여주는 것이 달리 또 있을까?

가장 가까운 별 프록시마까지 6만 년

태양에서 45억km 떨어진 해왕성까지는 시속 100km의 차로 5,100년 동안 줄곧 달려야 도착할 수 있답니다. 우리 태양계가 얼마나 광대한 곳인지 실감이 좀 나나요? 하지만 이처럼 넓은 태양계도 그것이 속한 우리은하 속에서는 작은 웅덩이 정도밖에 안 된다는 사실!

태양 역시 우리은하의 4천억 개 별 중 평범한 별 하나에 지나지 않죠. 태양의 빛이 태양계는 물론 해왕성 너머까지 멀리 뻗어 있지만, 그래도 빛으로 하루만 달리면 끝나는 동네죠. 그런데 우리은하는 얼마나 큰지 아세요? 지름이 무려 10만 광년이랍니다. 그러니 우주 공간에 별들이 아무리 많다고 해도 별과 별 사이의 거리는 엄청나게 떨어져 있는 거예요. 별들 사이의 평균 거리는 3~4광년쯤 되는데, 이 정도면 거의 텅 빈 공간이나 마찬가지라 할 수 있겠네요.

우리 슈퍼카의 다음 행선지는 태양에서 가장 가까운 별인 프록시마 센타우리란 별이랍니다. 이 별은 우리 지구와 얼마나 멀리 떨어진 곳에 있을까요? 지구에서 태양 다음으로 가까운 이 항성(스스로 빛을 내는 천체)까지의 거리는 4.2광년, 그러니까 가장 가까운 이웃별인 이 별까지 빛이 마실 갔다 온다면 8년이 넘게 걸린다는 얘기예요. 그 빠른 빛도 우주의 크기에 비한다면 달팽이 걸음에 지나지 않는 셈이죠.

그렇다면 인간이 지구에서 가장 빠른 로켓을 타고 간다면 얼마나 걸릴까요? 인류가 끌어낸 최고 속도는 초속 20km입니다. 이는 2015년 명왕성을 근접비행한 NASA 탐사선 뉴호라이즌스가 목성의 중력도움

❶을 받아 만들어낸 속도로, 지구 탈출속도의 두 배쯤 되죠.

시속 100km로 달리는 우리 차로는 이제 명함도 못 내밀 정도니, 우리 슈퍼카도 초속 20km로 업그레이드하기로 하죠. 그런데 초속 20km가 얼마나 빠른 속도인지 감이 잡히나요? 보통 총을 쏘면 총알의 속도가 초속 1km쯤 됩니다. 그러니까 우리 차는 총알 속도보다 20배 빠르다는 거죠. 서울에서 부산을 20초 만에 가는 속도랍니다. 놀

❶ 우주선의 항법 중 하나로 천체의 중력을 이용하여 가속, 감속하고 궤도를 조정하는 방법이다. 즉, 우주선이 중력이 큰 행성 옆을 지날 때 행성의 중력에 끌려 들어가다 '바깥으로 튕겨나가듯' 속력을 얻는 것을 말한다. 경로를 바꾸면 감속도 가능하다. 영어로 스윙바이(swingby).

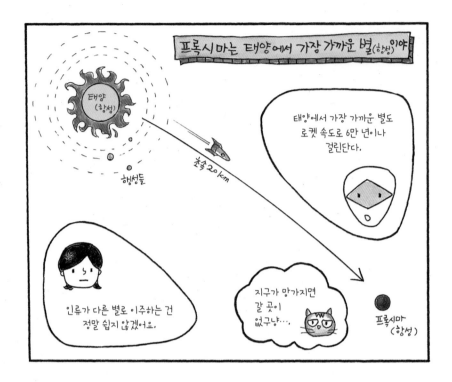

랍지요?

입그레이드한 슈퍼카로 프록시마 별까지 신나게 달려보기로 해요. 얼마나 달려야 할까요? 1광년이 약 10조km니까, 4.2광년은 약 42조 km네요. 이 거리를 우리 슈퍼카가 밤낮없이 달린다면 무려 6만 년을 달려야 합니다. 왕복이면 12만 년이 되겠네요. 가장 빠른 로켓을 타고 가장 가까운 별까지 가는 데도 시간이 이렇게 걸린다는 겁니다. 이것 이 바로 인류가 외계 행성으로 진출할 수 없는 가장 큰 이유랍니다.

지구의 '우주 주소'를 아시나요?

　태양계 마지막 행성까지 여행했으니까 이제 우리은하 끝에서 끝까지 한번 달려볼까요? 우리은하는 지름이 약 10만 광년이죠. 자, 초속 20km 슈퍼카로 달립니다. 얼마나 걸릴까요? 14억 년! 우주 역사의 약

　위에서 본 우리은하 상상도. 중심부에 막대 구조를 가진 막대나선은하로, 지름 600만 광년 범위의 외부 은하들로 이루어진 국부은하군에 소속되어 있다. 여기엔 안드로메다은하, 마젤란은하 등을 비롯하여 약 30여 개의 은하들이 포함되어 있다. (출처/NASA)

10분의 1에 해당하는 시간이죠. 이는 인간에게는 거의 영원이나 마찬가지인 시간입니다.

그런데 이 광대한 우리은하도 우주 속에서는 조약돌 하나에 불과하다는 거죠. 우리은하계는 안드로메다은하 등과 함께 30개 정도의 은하로 이루어진 국부은하군이라는 작은 은하 집단에 속해 있어요. 그 위의 단계에는 군대조직처럼 처녀자리 은하단, 그리고 엄청나게 거대한 라니아케아 초은하단이 층층 구조를 이루고 있답니다.

이런 모든 은하들을 다 합치면 우주 공간에 약 2천억 개의 은하가 있고, 은하 간 공간의 평균거리는 수백만 광년이랍니다. 그리고 우주의 크기는 약 930억 광년이라는 계산서가 이미 나와 있어요. 930억 광년이란 인간의 모든 상상력을 동원해도 실감하기 어려운 크기죠. 우리가 지금 살고 있는 우주는 이렇게나 광대합니다. 터무니없을 정도로 넓고도 크지요.

이 정도에서 슈퍼카를 타고 돌아본 우주 투어는 끝내기로 하고, 우리 지구로 돌아가기 전에 마지막으로 우주 속에서의 지구 주소를 한번 알아보도록 할게요. 여러분은 알고 있나요? 최신 관측에 따르면, 우주 속의 지구 주소는 다음과 같습니다.

"라니아케아 초은하단 내 처녀자리은하단 내 국부은하군 내 우리은하 내 오리온팔 내 태양계 제3행성 지구"

🛸 헬로, 안드로메다! 2012년 1월 8일 경기도에서 찍은 사진. (사진/강지수)

Chapter 1. 우주는 얼마나 클까? 차로 달려보자

국부은하군에 속한 안드로메다은하. 우리은하에서 250만 광년 거리에 있다. (출처/NASA)

슈퍼카 타고 우주 한 바퀴

Chapter 1. 우주는 얼마나 클까? 차로 달려보자

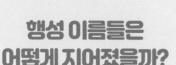

행성 이름들은
어떻게 지어졌을까?

예로부터 인류와 가장 가까운 천체는 해와 달을 비롯해서 수성, 금성, 화성, 목성, 토성이었다. 옛사람들은 밤하늘이 통째로 바뀌더라도 별들 사이의 상대적인 거리는 변하지 않는다는 사실을 알았다. 그래서 별은 인류에게 영원을 상징하는 존재로 알려졌다.

서양에서는 고대부터 달을 포함해 이들 행성은 지구에서 가까운 쪽부터 달, 수성, 금성, 태양, 화성, 목성, 토성이 차례로 늘어서 있다고 생각했다. 하지만 위의 다섯 개 별들이 일정한 자리를 지키지 못하고 별들 사이를 유랑하는 것을 보고, 떠돌이란 뜻의 그리스말인 플라네타이(planetai), 곧 떠돌이별이라 불렀다. 우리가 행성(行星)이라 부르는 천체다. 그런데 엄밀히 말하면 행성은 별이 아니다. 별은 보통 붙박이별, 곧 항성을 일컫는 말이다. 가끔 혹성(惑星)이란 말을 쓰는 책이 눈에 띄는데, 이는 행성의 일본말이다.

서양에서 부르는 태양계 행성 이름들은 거의 로마 신화에서 따온 것이다. 물론 이 밝은 행성들은 눈에 잘 띄었기 때문에 고대로부터 문명권마다 다른 이름들을 가지고 있었지만, 로마 시대에 지어진 이름들이 점차 대세를 차지하여 오늘에 이르고 있다. 예컨대, 빠른 속도로 태양 둘레를 도는 수성은 로마 신들 중 메신저 역할을 한 날개 날린 머큐리(Mercury)에서 따왔고, 새벽이나 초저녁 하늘에서 아름답게 빛나는 금성에는 로마 신 중 미와 사랑의 여신인 비너스(Venus)의 이름을 갖다 붙였다. 우리는 동쪽에 뜨는 금성은 샛별, 서쪽에 뜨는 금성은 개밥바라기라 부르기도 한다.

화성에 마스(Mars)라는 전쟁신 이름이 붙여진 것은 그리 놀랄 일이 아니다. 화성 표면이 산화철로 인해 붉게 보이기 때문에 로마의 전쟁신 마스의 이름을 붙인 것이다. 태양계 행성 중 최대 크기를 자랑하는 목성에 신들의 왕 주피터(Jupiter)를 가져온 것도 역시 그럴듯하다. 토성은 주피터의 아버지인 농업의 신 새턴(Saturn)

태양계의 행성 식구들 상상도. 크기와 거리는 비례에 안 맞다. (출처/NASA/JPL)

에서 따왔다. 지구를 뜻하는 어스(Earth)만은 예외였는데, 그리스-로마 시대 이전부터 지구가 행성이란 사실을 몰랐기 때문에 붙여진 이름이다.

물론 중국과 극동 지역에도 드넓은 밤하늘에서 수많은 별들 사이를 움직여 다니는 이 다섯 별들이 잘 알려져 있었다. 고대 동양인들은 이 별들에게 음양오행설과 풍수설에 따라 '화(불), 수(물), 목(나무), 금(쇠), 토(흙)'라는 특성을 각각 부여했고, 결국 이들은 별을 뜻하는 한자 별 성(星)자가 뒤에 붙여져 화성, 수성, 목성, 금성, 토성이라는 이름을 얻게 되었다. 여기서도 지구는 역시 행성이 아닌 것으로 취급되어 '흙의 공'이라는 뜻인 '지구(地球)'란 이름을 얻게 되었다.

따라서 오늘날 우리가 쓰고 있는 요일 이름, 곧 일, 월, 화, 수, 목, 금, 토는 사실 천동설에 그 뿌리를 내리고 있다는 것을 알 수 있다.

달도 지구를 떠난다
-10억 년 후의 이별

인류의 가장 오랜 벗, 달은 우리에게 가장 가까운 천체다. 지구에서의 거리는 약 38만km. 지구 지름이 약 1만 3천km니까, 지구를 30개 늘어놓으면 얼추 달까지 닿는다는 계산이다. 생각보다 그리 멀지 않다. 이는 지구와 태양까지 거리의 1/400이고, 또 달이 태양 크기의 1/400이라, 겉보기 크기는 둘이 꼭 같다. 희한한 '우주적 우연'의 일치라고 할 수 있다. 이러한 일치로 우리는 달과 해가 딱 포개지는 개기일식을 보는 행운을 누리게 된 것이다.

그런데 이 거리가 해마다 조금씩 벌어지고 있다는 사실을 아는 사람은 많지 않다. 1년에 3.8cm씩. 아니, 벼룩 꽁지만 한 길이를 어떻게 쟀냐고? 달 탐사선이 달에다 설치해놓은 레이저 반사거울이 그 답이다. 지구에서 쏘는 레이저빔이 갔다가 돌아오는 시간이 약 2.5초, 이것으로 정밀 측정한 결과 매년 3.8cm씩 달이 멀어져가고 있는 것으로 나타났다.

이유는 달이 만드는 지구 바다의 밀물과 썰물 때문이다. 밀물과 썰물이 해저 바닥과의 마찰로 지구 자전운동에 약간 브레이크를 걸어 감속시키고, 그 반작용으로 달은 지구에서 에너지를 얻어 앞으로 약간 밀리게 된다. 원운동 하는 물체를 앞으로 밀면 그 물체는 더 높은 궤도, 더 큰 원을 그리게 되는 이치와 같다. 달이 그 힘을 받아 해마다 3.8cm씩 지구와의 거리를 넓혀가고 있는 것이다.

이 3.8cm의 뜻은 심오하다. 티끌 모아 태산이라고, 이것이 쌓이다 보면 10억 년 후에는 3만 8천km가 되고, 100억 년 후에는 지금 달까지의 거리인 38만

⤙ʌ 개기월식이 진행 중인 달. 초록색 빛줄기는 미국 뉴멕시코 남쪽에 있는 아파치 포인트 천문대의 3.5km 천체망원경에서 쏜 레이저 광이 지구 대기에 의해 산란되어 나타난 것이다. 레이저 광이 달에 설치된 반사경까지 갔다가 돌아오는 시간을 재면 달까지의 거리를 밀리미터 단위까지 정확히 잴 수 있다.
(출처/NASA)

km가 된다. 달이 지구에서 두 배나 멀어지는 셈이다. 아니, 그 전에 10억 년만 지나도 멀어진 달이 목성에 끌려갈 거라고 말하는 과학자도 있다. 어쨌든 확실한 것은, 언젠가는 결국 지구와 이별할 거란 점이다. 그후 달이 우주 저 바깥 어디로 떠날 것인지 그 행로야 알 수 없지만.

오늘 밤에라도 바깥에 나가 달을 바라보라. 우리 지구의 동생인 저 달도 언젠가는 형과 작별을 고할 것이다. 그런 생각으로 달을 바라보면 더 정답고 더 아름답게 느껴질 것이다.

Chapter 2

우주도 우리처럼 생일이 있다고요?

인류가 지금까지 추구해온 수많은 문제들 가운데 가장 근본적이면서도 흥미로운 것을 고르다면 '자연에서 인간의 위치와 인간과 우주의 관계'에 관한 문제이다.

| 토머스 헉슬리 영국 생물학자 |

타임머신 차를 타고 빅뱅의 현장으로…

세상에 존재하는 모든 것에 시작이 있듯이 이 엄청난 우주도 태어난 생일이 있답니다. 바로 빅뱅(Big Bang)이 폭발한 그날이지요.

지금까지 슈퍼카를 타고 우주를 한 바퀴 둘러보았는데, 이참에 시간 여행도 가능한 타임머신 차로 업그레이드시켜 138억 년 전 우주가 탄생하던 빅뱅 현장으로 시간여행을 떠나볼까요? 어때요? 겁나게 재미있을 거 같죠?

참, 그 전에 빅뱅 이론이 어떻게 탄생하게 되었는지 잠깐 살펴보도록 해요. 역시 아는 만큼 보인다는 말은 우주에서도 진리랍니다. 우주가 빅뱅으로 탄생했다는 사실을 알아낸 지는 겨우 50년쯤밖엔 되지 않는답니다. 물론 믿을 만한 증거들도 찾아냈죠.

우주는 무엇으로부터 어떻게, 왜 생겨났나? 이 질문보다 사람의 마음을 사로잡는 질문은 아마 없을 거예요. 왜냐하면 오늘 내가 존재하는 것도 따지고 보면 우주가 생겨났기에 가능한 일이거든요. 이처럼 우주의 탄생과 진화, 그리고 종말 같은 것에 대한 생각이나 이론을 우주론이라고 합니다.

인류가 우주에 관해 생각하기 시작한 것은 아마 구석기시대에 하루의 사냥이 끝난 후 동굴 앞에 앉아 밤하늘을 보기 시작한 것과 같은 때일 겁니다. 밤하늘에 장엄하게 펼쳐진 별밭과 은하수, 그 속을 운행하는 달과 행성들을 보면서 민족마다 저마다의 창조 신화를 만들어 그것을 신앙의 속고갱이로 삼았죠. 그래서 세계에는 수많은 창조 신화와 신앙이 존재한답니다. 민족마다 고유의 사고로 세계를 해석하는 틀이라 할 수 있겠지요. 이것이 바로 우주론의 출발이라 할 수 있습니다.

이처럼 오랜 역사를 갖고 있는 우주론은 다음과 같은 유서 깊은 질문 세 개를 기둥으로 삼고 있습니다.

-우주는 어떻게 탄생했을까?
-우주는 어떤 모양일까?
-우주는 어떤 종말을 맞이할까?

⤳ 우주를 여행하는 순례자. 천구에 별들이 고정되어 있는 고대의 우주론에서, 팽창하고 있는 우주를 설명하는 현대 우주론까지, 우주론의 발전을 상징적으로 표현하고 있다. (출처/NASA)

참으로 큰 질문들, 빅 퀘스천(Big Question)이죠! 20세기 초만 하더라도 이 질문들에 정확한 답을 할 수 있는 사람은 아무도 없었어요. 그런데 오늘날에는 현대과학에 힘입어 이 질문들에 대한 정답을 거의 알아냈답니다. 이전 시대 사람들은 꿈도 꾸지 못했던 우주와 만물의 기원을 알아낸 거죠. 그리고 우리가 어디서 왔는가 하는 문제에도 답을 찾아냈습니다. 인류 지성의 크나큰 승리라 할 수 있죠.

모처럼 우주에 딱 한 번 태어났는데 이 정답들을 모른 채 살다가 죽는다면 얼마나 억울하고 안타까운 일이겠어요? 이것이 바로 이 책을

쓴 이유이기도 하지요. 이 책의 구성 자체가 이 질문에 대해 자세히, 그리고 감동적으로 알아가는 여정이니까요.

빅뱅, 제대로 한번 알아봅시다

요즘 빅뱅(Big Bang)이란 말을 모르는 사람은 없겠죠. 빅뱅이라는 그룹도 있고요. 우리말로 풀이하면 '큰 꽝!' 정도가 되겠네요. 이 빅뱅이

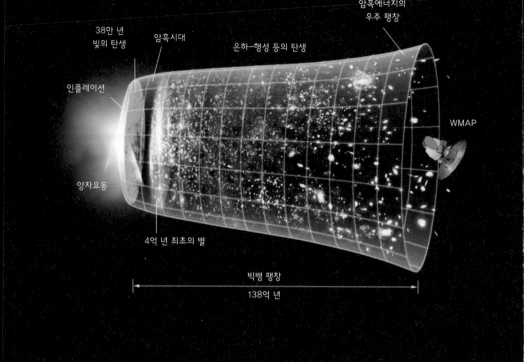

38만 년
빛의 탄생

암흑시대

은하-행성 등의 탄생

암흑에너지의
우주 팽창

인플레이션

WMAP

양자요동

4억 년 최초의 별

빅뱅 팽창
138억 년

빅뱅과 우주 급팽창 이론인 인플레이션 모델에 따른 우주의 역사. (출처/NASA)

란 말은 사실 천문학에서 나왔답니다. 우주 탄생의 비밀을 알아낸 과학자들이 그 이론을 '빅뱅 이론'이라고 이름 붙인 것입니다. '큰꽝 이론'. 이름이 좀 우습기는 하죠? 하지만 우주가 138억 년 전 이 빅뱅에서 출발했다고 하는 이론에 반대하는 과학자들은 이제 거의 없어요. 말하자면 정설이 되었답니다.

그렇다면 빅뱅이란 과연 정확히 어떤 것을 말하는 걸까요? 태초의 우주는 지금까지 우주 공간에 존재했던 물질을 이루는 모든 입자들이 '특이점'이라 부르는 무한대의 에너지와 밀도로 뭉쳐 있었답니다. 그러니까 모든 물질이 한 점으로 응축돼 있었다는 거지요.

초고온, 초고밀도의 에너지로 가득 찬 '점 우주'에는 물질이나 빛은 존재하지 않았습니다. 빅뱅 이론을 체계화한 조지 가모프❶에 의하면, 이 상태는 우리가 상상할 수 없을 정도의 엄청난 초고온 불덩어리로, '불덩어리 우주 모델'이라고 부르다가 나중에 정식으로 빅뱅 이론이란 이름을 얻게 된 것이랍니다.

세상은 왜 텅 비어 있지 않을까?

"왜 세상은 텅 비어 있지 않고 이렇게 뭔가로 가득 차 있는가?"라는 원초적인 질문을 던진 사람이 있었답니다. 17세기 독일 철학자이자 수학자인 고트프리트 라이프니츠라는 천재였는데, 미적분 발견을 놓고 뉴턴과 다툰 것으로도 유명하죠. 그는 스스로에게 질문을 던진 후 이렇게 덧붙였어요.

"이 세상이 환상일 수도 있고, 모든 존재는 꿈에 불과할지도 모르지만, 내가 보기에 이들은 너무도 현실적이어서 우리가 환상에 현혹되지 않고 있다는 것을 입증하기에 충분하다."

❶ 러시아 출신의 이론물리학자(1904~1968). 미국으로 건너가 조지워싱턴 대학 등에서 교수를 지냈다. 우주배경복사의 존재를 예언하고, 원시우주 초기의 원자핵 생성 이론($\alpha\beta r$ 이론) 등의 업적을 남겼다.

그렇다면 우리를 둘러싸고 있는 온 우주의 모든 물질들은 다 어디에서 왔을까요? 만물의 근원은 무엇일까요? 물론 이러한 의문을 품었던 사람은 라이프니츠뿐이 아니었습니다. 고대 그리스 철학자 탈레스도 이런 의문을 품은 끝에 최초로 '답안' 하나를 제시한 적이 있었어요.

"만물의 근원은 물이다!"

하지만 맞는 답이라고는 하기 힘들겠죠? 그래도 탈레스는 이 말 한 마디로 유명해졌고, '물의 철학자'란 이름을 역사에 남겼답니다. 그 뒤로도 만물의 근원에 대해 물, 불, 공기, 흙을 원소로 보는 4원소설 등 수많은 가설들이 나왔지만, 이에 대해 최초로 과학적인 답을 제시한 사람은 20세기 초반이 돼서야 짜잔~ 하고 나타났답니다.

과연 어떤 사람이었을까요?

뜻밖에도 로만 칼라 차림을 한 젊은 가톨릭 신부님이었답니다. 1927년, 벨기에 신부이자 천문학자인 조르주 르메트르(1894~1966)가 이 빅 퀘스천에 과학적인 '답안'을 내놓았죠.

대학생 때 토목공학을 공부하다가 제1차 세계대전에 참전한 후 천문학으로 방향을 튼 르메트르는 아인슈타인의 일반 상대성 원리에 나오는 중력장 방정식❶을 깊이 연구한 끝에, 우주는 과거 한 시점에서 시작되었으며 지금도 팽창하고 있다는 '팽창우주 모델'을 세상에 선보였습니다. 그의 논문은 매우 높은 에너지를 가진 작은 '원시원자

---

❶일반 상대성 이론은 중력에 대한 상대론적 이론으로, 중력이 약한 경우 뉴턴의 만유인력 법칙과 같은 결과를 주며, 중력이 강한 경우에 뉴턴 법칙과 다른 결과를 보인다. 현대 우주론은 공간상의 물질과 에너지의 분포에 따라 시공간의 곡률을 나타내는 아인슈타인의 중력장 방정식으로 우주의 진화를 설명한다.

(Primeval Atom)'가 거대한 폭발을 일으켜 우주가 되었다는 대폭발 이론을 최초로 소개한 것이죠. 이른바 '빅뱅 이론'이란 이름을 얻게 된 대폭발설입니다.

르메트르는 혁명적인 이 가설에서 우주는 팽창하고 있으며, 이러한 팽창을 거슬러올라가면 우주의 기원, 즉 '어제 없는 오늘(The Day without Yesterday)'이라고 불리는 태초의 시공간에 도달한다는 이론을 펼쳐냈습니다. 이것은 우주도 우리처럼 탄생의 시점, 즉 생일이 있다는 놀라운 이론이었죠. 그 전까지는 우주가 영원 이전부터 영원 이후

까지 존재한다는 '정상우주론'이 대세였답니다.

　그러나 르메트르의 이론은 당시 그다지 주목받지 못했어요. 1927년 벨기에의 브뤼셀에서 열렸던 세계 물리학자들의 솔베이 회의에 참석한 르메트르는 아인슈타인을 한쪽으로 데리고 가서 자신의 팽창우주 모델을 열심히 설명했어요. 그때 아인슈타인의 반응이 어땠을까요?

　"당신의 수학은 옳지만, 당신의 물리는 끔찍합니다!"라는 끔찍한 말이었죠.

　아인슈타인은 당시 과학계의 최고 지존이었어요. 아인슈타인이 거

🔉 솔베이 회의의 아인슈타인과 르메트르. 르메트르는 아인슈타인에게 팽창우주 모델을 설명했지만 끔찍한 반응을 얻었을 뿐이다. (출처/NASA)

부한다는 것은 곧 전 과학계가 거부한다는 뜻이죠. 신참 과학자 르메트르가 얼마나 실망했을지는 안 봐도 뻔하죠. 르메트르는 자신의 이론에 흥미를 잃어버리고 한동안 세상에서 사라진 듯 조용히 지냈답니다.

지금도 우주는 팽창 중

    시간과 공간과 에너지가 무한대로 뭉쳐진 한 점-. '원시의 알'이라고도 하고 '특이점'이라고도 불리는데, 여러분은 그런 점을 상상할 수 있나요? 이 한 점이 대폭발하여 우주가 출발했다는 것이 르메트르의 빅뱅 이론이지만, 처음에는 이처럼 푸대접을 면치 못했죠. 그러나 시간은 르메트르의 편이었습니다.

대폭발 이론이 세상에 나온 지 2년 만에 한없이 고요하게만 보이던 이 대우주가 사실은 무서운 속도로 팽창하고 있다는 관측 결과가 발표 됐답니다. 20세기 천문학의 최고 영웅이 탄생하는 순간이었죠. 에드 윈 허블이라는 미국의 초짜 천문학자가 그 발견의 주인공인데, 우주가 지금도 팽창하고 있다는 관측 결과를 발표하여 세상을 경악케 했습니 다. 이는 7천 년 과학사상 최대의 발견으로 받아들여졌어요.

수천 년 동안 지구가 우주의 중심으로 고정되어 있고 하늘이 돈다는 천동설을 믿던 사람들이 어느 날 그 반대로 지구가 돈다는 지동설의

등장에 얼마나 놀랐나요. 그런데 우주가 풍선처럼 끝없이 팽창하고 있다는 사실은 그 몇 배나 더 충격적인 사실이었지요. 지금 이 순간에도 우주가 무서운 속도로 팽창하고 있고, 우리가 발붙이고 사는 이 세상에 고정된 거라곤 하나도 없다는 현기증 나는 사실 앞에 사람들은 정말 황당해했죠.

르메트르가 '솔베이의 절망'을 맛본 지 6년 만인 1933년, 마침내 아인슈타인의 항복을 받아냈답니다. 우주 팽창을 발견한 허블의 윌슨산 천문대에서 열린 세미나에서 르메트르는 허블을 비롯한 쟁쟁한 천문학자들 앞에서 자신의 빅뱅 모델을 발표했죠. 그는 자기가 좋아하는 불꽃놀이에 빗대어 현재의 우주 시간을 이렇게 시적으로 표현했답니다.

"태초에 상상할 수 없을 만큼 아름다운 불꽃놀이가 있었습니다. 그런 후 폭발이 있었고, 그후엔 하늘이 연기로 가득 찼습니다. 우리는 우주가 창조된 탄생의 장관을 보기엔 너무 늦게 도착했습니다."

아인슈타인은 르메트르의 빅뱅 이론 강의를 듣고 "내가 들어본 것 중에서 창조에 대해 가장 아름답고 만족스러운 설명"이라는 찬사를 보냈답니다. 완전히 '무릎 팍~' 하고 르메트르가 옳았음을 인정한 거죠.

기약 없이 멀어져가는 은하들

"우리가 사는 우주는 지금 이 순간에도 빛의 속도로 팽창하고 있습니다."

이 놀라운 사실을 인류에게 최초로 고한 미국 천문학자 에드윈 허블은 이 발견 하나로 20세기 천문학 최고의 영웅이 되었습니다.

그렇다면 우주가 팽창한다는 것을 어떻게 알았을까요? 과학자들이 천체의 이동 속도를 잴 때 쓰는 스피드건이 있어요. 이른바 적색이동❶이라고 불리는 물리 현상으로, 멀어지는 별에서 나오는 빛의 스펙트럼선이 도플러 효과❷에 의해 파장이 긴 쪽(적색)으로 이동하는 효과입니다. 이 효과를 측정하여 대상의 속도를 알아내는 거죠. 야구 투수의 공

1948년 2월 9일자 〈타임〉 표지를 장식한 에드윈 허블 (1889~1953). 우주 팽창의 발견으로 천문학의 영웅으로 등극했다. (출처/TIME)

허블과 망원경. 우주가 팽창하고 있는 것을 발견한 이 후커 반사망원경은 당시 세계에서 가장 큰 망원경이었다. (출처/wiki)

속도를 알아내는 것도 도플러 효과를 이용한 스피드건이랍니다.

허블은 적색이동을 무기로 삼아 24개의 은하를 끈질기게 추적해서 얻은 관측자료를 정리하여 거리와 속도를 반비례시킨 표에다가 은하들을 집어넣었어요. 그 결과 놀라운 사실이 하나 드러났죠. 은하들이 엄청난 속도로 지구로부터 멀어지고 있었던 겁니다. 우주는 뉴턴이나 아인슈타인이 생각했던 것처럼 움직임이 없는 정적인 상태가 전혀 아니라는 사실을 처음 발견한 거죠.

허블의 결론은 이거예요. 우주의 모든 은하들은 모든 방향에서 우리

❶ 천체로부터 온 빛이 본래의 파장보다 긴 파장 쪽으로 이동하는 현상. 관측자로부터 멀어지는 천체의 빛은 도플러 효과에 의해 긴 파장 쪽으로, 즉 적색 쪽으로 벗어나는 것으로 알려져 있다.
❷ 파동을 발생시키는 파원과 그 파동을 관측하는 관측자 중 하나 이상이 운동하고 있을 때 발생하는 효과로, 파원과 관측자 사이의 거리가 좁아질 때는 파동의 파장이 더 짧게, 거리가 멀어질 때는 파장이 더 길게 관측되는 현상이다. 소방차 사이렌 소리가 좋은 예이다.

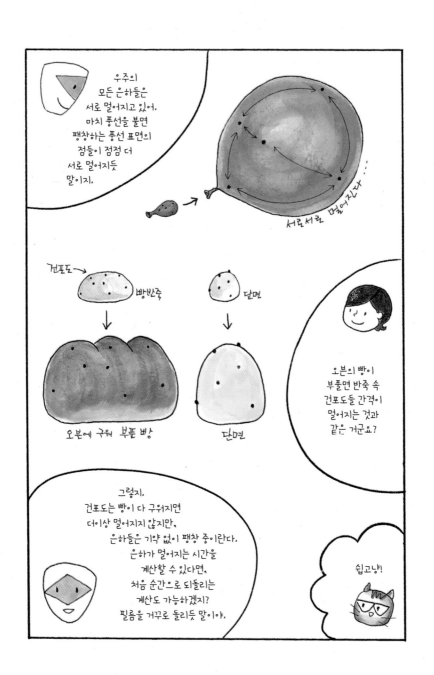

로부터 멀어져가고 있으며, 그 후퇴 속도는 먼 은하일수록 더 빠르다는 것입니다. 그리고 은하의 이동속도를 거리로 나눈 값은 항상 일정합니다. 이것이 이른바 '허블의 법칙'이죠. 훗날 이 상수는 허블상수로 불리며, 'H'로 표시됩니다. 허블상수는 우주의 팽창속도를 알려주는 지표로서, 이것만 정확히 알아내 역수를 구하면 우주의 크기와 나이를 알 수 있답니다.

최근의 정밀 관측 결과, 허블상수의 역수는 약 138억 년으로 나왔어요. 138억 년 전에 우주가 탄생했다는 뜻이죠. 지금도 허블상수는 천문학에서 가장 중요한 상수로 다뤄지고 있는데, 허블의 법칙을 식으로 나타내면 다음과 같습니다.

Vr=Hr

Vr : 은하의 후퇴속도 [km/s]

r : 은하까지의 거리 [Mpc]

H : 허블상수 [km/s/Mpc]

과학사에서 최대의 발견으로 꼽히는 허블의 이 '우주 팽창'은 르메트르가 아인슈타인의 중력장 방정식에 관한 연구 끝에 수학적으로 예견했던 것이었죠.

이처럼 우주의 모든 은하들이 우리로부터 멀어져가고 있지만, 그렇다고 우리은하가 그 중심이라는 뜻은 아니랍니다. 서로가 서로에게 같은 비율로 멀어져가고 있는 거죠. 풍선 위에 점들을 찍어놓고 바람을

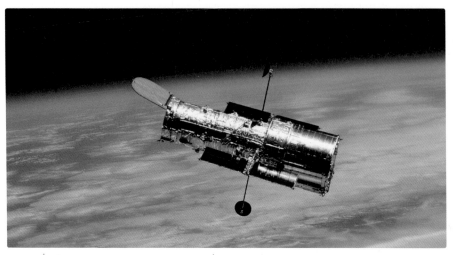

허블의 이름을 딴 허블 우주망원경. 1990년 우주로 올라간 이래 지상 600km 높이에서 96분마다 지구를 돌며 먼 우주를 관측하고 있다. (출처/NASA)

불어넣으면, 각 점들은 서로에게서 멀어져갑니다. 풍선의 2차원 구면 위에는 중심이란 게 있을 수 없죠.

한 차원을 늘려 3차원으로 생각해볼까요? 만약 밀가루 반죽에 건포도를 박아 넣고 굽는다면 빵이 부풀 때 가 건포도들의 간격이 벌어지는 것과 같은 이치랍니다. 이와 같이 온 우주에 있는 은하들은 그 사이의 공간이 팽창함에 따라 기약 없이 서로에게서 멀어져가고 있는 중입니다.

1990년 우주 공간으로 쏘아올려진 NASA의 우주망원경에 허블의 업적을 기리는 뜻에서 그의 이름이 붙여졌습니다. 허블 우주망원경은 지금도 지구 중심 궤도를 96분마다 한 바퀴씩 돌며 먼 우주의 풍경을 담아 지구로 보내고 있답니다.

빅뱅의 증거가 발견되었다!

허블의 팽창우주와 르메트르의 원시원자 대폭발은 사실 동전의 양면과 같답니다. 지금 우주가 팽창하고 있다면, 그 필름을 거꾸로 돌리면 결국 아득한 과거 원시원자의 폭발에 이어지겠죠. 에너지와 밀도가 무한대인 특이점이 대폭발을 일으키고, 거기서 시간과 공간, 물질의 역사가 시작되었다-이것이 빅뱅 이론의 핵심입니다.

그러나 이것은 어디까지나 이론일 뿐, 직접적인 증거는 없었죠. 따라서 어찌 보면 뜬구름 잡는 이야기쯤으로 들릴 수도 있었어요.

그런데 놀랍게도 138억 년 전 대폭발의 직접적인 증거가 튀어나왔어요. 르메트르가 말한 '태초의 빛'의 물증이 발견된 거죠. 르메트르의 빅뱅 이론이 나온 지 30여 년이 지난 1964년, 미국의 두 물리학자가 우주에서 나는 소음을 발견했답니다. 그것도 어떤 한 영역에서 오는 것이 아니라, 온 우주를 배경으로 균일하게 오는 것이었어요.

미국 벨 연구소의 아노 펜지어스와 로버트 윌슨이 최초로 발견한 이 3K의 온도를 가진 마이크로파❶ 잡음은 바로 138억 년 전 빅뱅의 잔광으로, 우주배경복사라 불리는 거죠. 이는 일찍이 구소련 출신 물리학자 조지 가모프에 의해 이론적으로 예견되었던 우주 탄생의 마이크로파로, 대폭발의 화석이라고 불리는 것이었답니다.

---

❶ K는 절대온도 단위. 절대온도는 물질의 특이성에 의존하지 않는 절대적인 온도를 말한다. 온도의 기준점은 자연에서 존재할 수 있는 가장 낮은 온도로 0K도이다. 마이크로파는 파장의 범위가 1mm~1m 사이의 전자기파로 레이더, 휴대전화, 와이파이(Wi-Fi), 전자레인지 등에 널리 사용되고 있다.

이들은 처음에 비둘기 똥이 전파 잡음의 원인인 줄 알고 안테나를 청소했어요. 하지만 그래도 잡음이 없어지지 않자 원인을 면밀히 연구한 끝에 그 잡음이 우주배경복사임을 밝혀냈어요. 이 발견으로 1978년 노벨 물리학상을 받았습니다. 그래서 다른 과학자들은 비둘기 똥을 치우다가 금덩어리를 주웠다고 부러워했답니다.

그런데 최초로 우주배경복사를 예언했던 가모프는 10년 전 이미 세상을 떠났기 때문에 같이 상을 받지 못했어요. 노벨상은 살아 있는 사람에게만 주기 때문이죠. 가모프가 살아 있었다면 틀림없이 같이 받았을 거예요. 가모프는 자신이 예언한 우주배경복사가 발견됐다는 소식만으로도 하늘나라에서 크게 기뻐했을 겁니다.

잠시 조지 가모프에 대해 알아볼까요?

젊었을 때 학문의 자유를 찾아 구소련을 탈출하기 위해 물리학자인 아내와 함께 흑해에서 카누를 젓다가 실패한 적까지 있는 가모프는 순수하고 장난기 많은 과학자였어요. 그후 아내와 함께 조국 탈출에 성공해 미국에 정착한 그는 구소련에서 궐석재판(피고인이 출석하지 않은 상태에서 진행하는 재판)으로 사형선고까지 받았답니다. 그런데 한때 생사를 같이했던 그 아내와 나중에 이혼했다니, 인생은 물리학보다 더 어려운 게 틀림없나봅니다.

'신호는 빅뱅 우주를 의미했다!'

지금도 우리는 빅뱅의 화석인 이 마이크로파를 직접 볼 수 있는데, 구식 안테나 텔레비전의 방송이 없는 채널에서 지글거리는 줄무늬 중 1%는 바로 이 우주배경복사랍니다. 우주가 탄생할 때 발생한 열기가 식어서 3K의 마이크로파가 되어 138억 년이란 길고 긴 시공간을 넘어 지금 내 눈앞에 도착한 것이지요. 여러분은 지금 우주 탄생인 빅뱅의 증거를 보고 있는 거랍니다.

펜지어스와 윌슨의 우주배경복사 발견은 '현대 천문학사에서 가장 위대한 발견'이라는 평가를 받았고, 〈뉴욕타임스〉는 1965년 5월 21일자 신문 머리기사에 '신호는 빅뱅 우주를 의미했다!'라는 제목으로 우주 탄생의 메아리를 전했습니다.

우주배경복사에 노벨상이 주어졌다는 것은 빅뱅 우주론이 표준 모델임을 공인받았다는 선언이나 다름없었답니다. 르메트르의 최종적인 승리라 할 수 있겠죠. 이로써 인류는 비로소 '만물은 태초의 한 원시원자에서 출발했다'는 정답을 갖게 된 거죠. 우주 탄생을 과학

우주배경복사인 마이크로파를 발견한 펜지어스(오른쪽)와 윌슨. 뒤에 보이는 것이 그들이 사용한 홀름델 혼 안테나이다. (출처/wiki)

ᄂᆨ WMAP 관측위성이 잡은 우주배경복사. 색은 온도차를 나타낸다. (출처NASA)

적으로 설명한 빅뱅 이론은 20세기의 가장 위대한 과학적 성취로 꼽
힙니다.

"진리에 이르는 길은 두 개 있다. 나는 그 두 길을 다 가기로 결심했
다"면서 평생 신과 과학을 함께 믿었던 빅뱅 이론의 아버지 르메트르
는 죽음의 순간 빅뱅의 화석이 발견되었다는 소식을 들은 후 1966년
72세로 우주 속으로 떠났습니다.

펜지어스는 자신들의 발견으로 열광하는 세상 사람들을 보고 다음
과 같은 소감을 남겼답니다. 우주의 탄생을 알리는 빅뱅 이론을 인류
에게 전하고 우주로 떠난 르메트르에게 바치는 추도문 같기도 합니다.

"오늘 밤 바깥으로 나가 모자를 벗고 당신의 머리 위로 떨어지는 빅
뱅의 열기를 느껴보라. 만약 당신이 아주 성능 좋은 FM 라디오를 가지
고 있고 방송국에서 멀리 떨어져 있다면 라디오에서 쉬쉬 하는 소리를

들을 수 있을 것이다. 이미 이런 소리를 들은 사람도 많을 것이다. 때로는 파도 소리 비슷한 그 소리는 우리의 마음을 달래준다. 우리가 듣는 그 소리는 수백억 년 전부터 밀려오고 있는 잡음의 0.5% 정도다."

세상은 무엇으로 이루어져 있을까?

세상의 모든 물질을 구성하는 기본 단위는 원자입니다. 원자는 양성자와 중성자로 이뤄진 원자핵과 그 주위를 도는 전자로 이루어져 있죠. 이런 원자들은 더 이상 나누어지지 않는 기본 요소라는 뜻에서 원소라고 부릅니다.

화학책에 실려 있는 주기율표에는 110개 정도의 원소들이 배열되어 있답니다. 그중에서 자연에서 발견되는 원소는 90여 가지입니다. 이 90여 가지의 원소들이 우리 몸을 비롯해 우주의 모든 것들을 만들고 있다고 생각하면, 우주가 너무도 신비로운 곳임을 새삼 느끼게 됩니다.

노벨 물리학상을 받은 미국의 리처드 파인만(1918~88)은 일찍이 원자에 대해 이렇게 한 마디로 규정했어요.

"다음 세대에 물려줄 과학 지식을 단 한 문장으로 요약한다면, '모든 물질은 원자로 이루어져 있다'는 것이다."

파인만의 말대로라면 물리는 원자에서 시작하여 원자로 끝난다고 할 수 있죠. 이 원자의 크기는 대체 얼마나 될까요? 보통 원자의 크기

는 10^{-10}m, 곧 1억분의 1cm입니다. 상상이 안 가는 크기죠. 중국 인구와 맞먹는 10억 개를 한 줄로 늘어놓아야 가운데 손가락 길이만 한 10cm가 된다는 거죠.

그렇다면 우리가 살아가고 있는 세계, 우주를 만들고 있는 90여 가지 원소들은 언제 어디에서 어떻게 만들어졌을까요? 이 원소들은 출생지와 제조 방법이 각각 다릅니다. 원소의 기원을 아는 것이 곧 만물의 기원을 아는 길이죠.

20세기 물리학자들과 화학자들이 원소의 기원을 맹렬하게 추적한 것은 '만물의 기원은 무엇인가'를 묻는 인류의 오랜 수수께끼를 풀기

위한 작업이라 할 수 있습니다. 가모프 등 과학자들은 그 숙제를 훌륭하게 해냈어요. 덕분에 우리는 오늘날 원소들이 어떻게 만들어졌는지 자세히 알 수 있게 되었죠. 이런 점에서 우리는 그 과학자들에게 경의를 표해야 합니다.

가모프가 초기 우주의 원소 생성에 관해 연구했던 동료들과 함께 찍은 재치 있는 사진. 아일럼 술병에서 귀신처럼 나오는 얼굴이 가모프다. (출처/wiki)

태초의 우주 공간에 가장 먼저 나타난 물질

　지금부터 우리의 만능 슈퍼카를 타고 138억 년 전으로 돌아가 빅뱅이 어떻게 진행되는지 살펴보도록 해요. 아, 저기 아주 조그만 알갱이 하나가 보이네요. 저게 바로 르메트르가 말한 '원시원자'가 틀림없군요. 아, 지금 폭발했어요! 자, 따라가봅시다.

　작은 '원시원자'에서 일어난 빅뱅은 순식간에 엄청난 에너지와 물질을 쏟아내기 시작했는데, 그 순간에는 우주 온도가 지독히 높아 100만 K가 넘었답니다. 이 온도에선 물질이 플라스마❶ 상태로 있게 되는데, 이는 원자핵과 전자가 서로 결합하지 못하고 분리되어 있는 상태랍니다. 극고온에서는 입자들의 에너지가 너무 커서 입자들을 묶어 원자핵을 만들 수 없기 때문이죠. 태초의 우주는 이런 플라스마 죽으로 가득 차 있는 상태였답니다.

　그러다가 우주가 팽창과 더불어 계속 식어 온도가 3,000K까지 내려갔을 때, 이윽고 양성자 한 개가 전자 하나를 붙잡아 가장 단순한 원자인 수소가 대량으로 만들어졌고, 그다음으로 양성자와 중성자들이 결합하여 약간의 헬륨 원자핵을 만들었답니다.

　그러나 우주가 계속 팽창하면서 일정한 온도 이하로 내려가자 더이상 원자핵들이 만들어질 수 없게 되었어요. 원자핵을 구성하는 입자들의 에너지가 너무 작아져서 전기적 반발력을 이기고 서로 묶여질

---

❶ 기체 상태의 물질이 초고온에서 이온 핵과 자유 전자로 이루어진 입자들의 집합체로 된 상태. 물질의 세 가지 형태인 고체, 액체, 기체와 더불어 '제4의 물질 상태'를 말한다.

만큼 가까워질 수 없게 된 거죠. 따라서 빅뱅에 의한 원소의 제조는 여기에서 끝났습니다. 이때가 빅뱅이 있은 지 약 30만 년이 지났을 무렵이랍니다.

오늘날 우리들이 보는 이 세상의 모든 물질은 바로 이때 탄생한 수소에서 빚어진 것들입니다. 따라서 138억 년 우주의 역사는 수소 진화의 역사라 할 수 있답니다. 수소로부터 모든 물질이 생성되었고, 그 물질의 역사가 오늘에 이른 거지요.

'빛이 있으라'

핵융합으로 헬륨 원자핵과 약간의 리튬 원자핵이 만들어진 다음에도 정작 원자는 나타나지 않았어요. 아직까지 우주의 온도가 너무 높아 고에너지의 전자가 원자핵에 붙잡히지 않은 채 제멋대로 공간을 돌아다니고 있었기 때문이죠. 말하자면 우주의 핵과 전자 수프는 원자핵 따로, 전자 따로인 '따로국밥' 상황이었다고나 할까요. 따라서 빛도 전자들과 충돌하는 바람에 직진하지 못했고, 우주는 뿌옇게 안개가 낀 듯한 상태였답니다.

이들이 서로 결합하기 시작한 것은 우주 탄생으로부터 약 38만 년이 지난 후 우주 온도가 3,000K까지 내려갔을 때였죠. 그러자 전자의 비행 속도가 떨어져 양전기를 띤 원자핵에 붙잡혀 핵 주위를 돌게 됨으로써 비로소 완전한 원자의 탄생이 이루어졌답니다.

그러자 원자의 탄생을 축하라도 하는 듯 빅뱅에서 출발한 빛도 이때 환한 모습을 드러냈습니다. 전자가 원자에 포착되어 말끔히 사라지자 빛은 비로소 마음껏 직진하게 되었고, 우주는 맑게 개어 투명해졌어요. 이를 '우주의 맑게 갬'이라 부르죠. 이때의 빛이 바로 우주배경복사가 되어 138억 년 후 펜지어스와 윌슨에게 최초로 발견되었던 것이랍니다.

가모프의 빅뱅 이론에 의하면, 이때 원자핵의 비율은 질량 기준으로

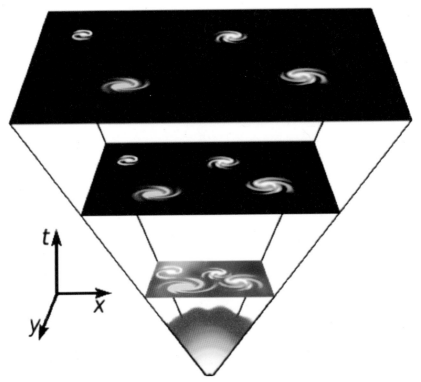

🛫 빅뱅 모델 개념도. 이 개념도는 평면 우주의 일부가 팽창하는 모습을 간략화한 것이다. (출처/wiki)

75%가 수소, 25%가 헬륨 원자핵이고, 그밖의 것들은 1%도 채 안 되는 걸로 나와 있어요. 수소와 헬륨의 이 비율은 현재 우주 전체에서 두 원소의 존재 비율과 일치해 빅뱅 이론의 정밀도를 증거해주고 있죠.

우주에 수소가 가장 많은 이유

빅뱅 이론은 태초의 우주 공간에 존재하는 원소의 90%가 수소이고, 나머지 대부분이 헬륨이라고 설명하죠. 이 비율은 지금의 우주에서도 거의 변하지 않고 있답니다. 은하와 성운, 별과 행성 등, 우주의 물질들을 구성하고 있는 원자의 대부분은 수소와 헬륨입니다. 가장 많은 원소는 수소인데, 그냥 많은 정도가 아니라 다른 모든 원소보다 압도적으로 많아요. 질량으로 보면 70%, 원소의 양으로 보면 90%가 넘습니다.

그다음으로 많은 원소는 헬륨으로, 질량으로는 28%, 원소의 양으로는 9%를 차지합니다. 그러니까 수소와 헬륨이 질량비로 98%를 차지하고, 원소의 양으로는 우주 내 물질의 약 99%를 차지하는 셈이죠. 다른 원소는 모두 합해도 질량으로는 2%, 원소의 양으로는 1%에 지나지 않습니다. 세 번째로 많은 원소는 산소인데, 그래봤자 수소의 1,000분의 1 이하랍니다.

이처럼 우주 삼라만상을 이루고 있는 원소들 중에서 수소가 가장 많은 데, 대체 왜 그런 걸까요?

여기에는 분명 그럴 만한 이유가 있답니다.

원소들은 각기 고유한 개수의 아원자 입자를 가집니다. 양전하를 띤 양성자, 중성자, 그리고 음전하를 띤 전자가 그것들이죠. 수소는 양성자 하나와 전자 하나로 이루어진 원소로, 중

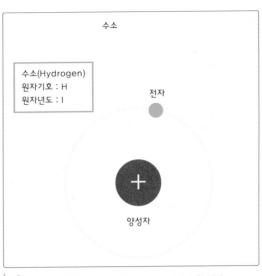

수소

수소(Hydrogen)
원자기호 : H
원자년도 : 1

전자

＋

양성자

우주에서 가장 간단한 원자인 수소. 양성자 한 개와 전자 한 개로 이루어져 있다. 원자기호는 H.

성자를 갖지 않은 유일한 원소이기도 해요. 우주에 수소가 가장 많은 이유는 이같이 수소가 가장 단순한 구조를 가졌기 때문입니다. 빅뱅은 수소, 헬륨처럼 먼저 가벼운 원소들을 만들어 우주를 짓는 벽돌로 사용했답니다.

천지를 만든 하나님의 '말씀'은 수소였다

이로써 만물의 기원은 바로 수소임이 밝혀졌고, 인류는 오랜 수수께끼의 답을 찾기에 이르렀습니다. '태초에 하나님이 말씀(logos)으로 천지를 창조하셨다'는 〈성경〉의 구절을 빗대어 천문학자 할로 섀플리는

"그 말씀은 바로 수소였다"고 재치 있게 표현했답니다. 만물의 기원이 바로 수소였다는 이 소식을 탈레스나 라이프니츠가 들었다면 얼마나 기뻐했을까요? 대견한 후손들이라고 크게 칭찬했을 겁니다.

우주에서 가장 흔한 수소는 인체에서도 생명 유지에 필수적인 역할을 합니다. 그러나 무엇보다 중요한 수소의 효용은 바로 산소와 결합해 생명의 근원인 물을 만든다는 사실이에요. 수소 원자 두 개와 산소 원자 한 개가 합치면 H_2O, 즉 물이 되죠.

수소에 불을 댕기면 폭발합니다. 산소에 불을 붙이면 무섭게 타죠.

그런데 이 두 기체가 만나면 불을 끄고 생명의 근원이 되는 물이 됩니다. 물의 정체를 맨 처음 알아낸 화학자는 물질의 오묘함에 기절할 만큼 놀랐대요. 그러고 보니 "만물의 근원은 물이다"라고 외친 탈레스의 말이 반은 맞은 셈이라고도 할 수 있겠네요.

참고로, 관측 가능 우주에 있는 모든 원소들의 개수는 10^{98}개이며, 우리 몸을 구성하는 원자의 종류는 약 60종, 개수는 약 10^{29}개랍니다. 그중 수소가 3분의 2를 차지해요. 이 수소는 모두 빅뱅 공간에서 탄생한 것입니다. 온 우주에서 수소를 만들 수 있었던 환경은 빅뱅 공간이

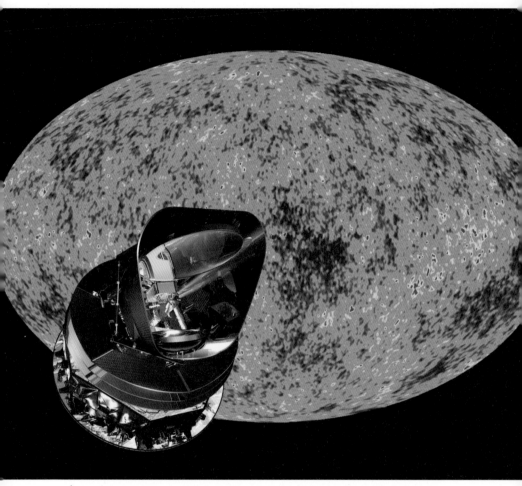

플랑크 관측위성과 우주배경복사. 플랑크 위성이 정밀한 우주배경복사 관측으로 우주의 나이가 138억 년이라는 사실을 밝혔다. (출처/ESA)

유일하기 때문이죠. 그러므로 여러분은 138억 년 전 빅뱅의 유물을 몸으로 갖고 있다는 뜻이니, 우리 모두는 우주 탄생의 역사와 엮인 참으로 오래된 존재라 할 수 있답니다.

최초의 원자들이 우주에 나타났을 때 한 '눈부신' 사건이 일어나죠. 문자 그대로 눈부신 빛의 탄생이랍니다. 플라스마는 원래 빛을 통과시키지 않아요. 전자가 달리는 빛알을 다 잡아먹기 때문이죠. 그래서 초창기의 우주는 우윳빛 유리처럼 불투명했답니다.

하지만 우주가 수소 등의 원소로 채워지자 비로소 빛알, 곧 광자들이 마음껏 달리게 되어 우주는 투명해지게 되었던 거예요. 이때가 우주 탄생 38만 년 후라고 해요. 이후 자유롭게 우주 공간을 내달리게 된 빛은 우주의 팽창과 더불어 파장이 계속 길어지게 되었죠. 그래서 138억 년이 흐른 지금은 마이크로파가 되어 우리 주위를 채우고 있는 거랍니다. 이 빛을 바로 우주배경복사라 하죠.

빅뱅 이후 우주가 계속 식어감에 따라 수소분자 구름들이 중력으로 뭉쳐지면서 최초로 생산적인 일을 하나 하기 시작했답니다. 무엇일까요? 네, 바로 별을 만들기 시작한 거죠. 빅뱅이 일어난 후 약 4억 년이 흐른 뒤 드디어 최초의 별이 탄생하는데, 이것은 너무나 중요한 사건이니 다음 장에서 자세히 풀어나가도록 할게요.

빛이란 무엇일까?
-놀라운 빛의 정체

우리는 빛이 있어 사물을 보고, 태양으로부터 에너지를 얻는다. 정보를 받아들이는 인간의 다섯 가지 감각 중 시각이 차지하는 비중이 압도적으로 크다. 그 비중을 보면 시각 83%, 청각 11%, 후각 3.5%, 미각 1%다. 그래서 음악을 들으면서 공부할 수는 있어도, 텔레비전을 보면서 공부하기는 힘들다.

그런데 이 빛의 정체를 정확히 안 것도 얼마 되지 않는다. 역사가 시작된 이래 빛이라는 현상은 끊임없이 사람들에게 호기심을 자아내게 한 수수께끼 같은 존재였다. 빛에 대해 처음으로 체계적인 연구를 한 과학자는 뉴턴이었다. 그는 햇빛을 프리즘으로 통과시키는 실험을 통해 빛이 여러 가지 색으로 이루어졌음을 알아냈다. 그리고 '빛은 발광체에서 생겨나 사방으로 퍼져나가는, 엄청나게 많은 아주 작은 입자로 구성된다'는 빛의 입자설을 주장했다. 이후 빛의 입자설은 빛의 파동설에 맞서 오랜 경쟁을 벌였다.

프리즘으로 햇빛을 분석하는 뉴턴. 햇빛이 여러 가지 색으로 이루어져 있다는 것을 처음으로 발견했다. (출처/J. A. Houston)

어쨌든 17세기 말까지만 해도 과학자들은 빛이 속도를 가지고 있다는 사실조차 몰랐다. 빛은 무한대의 속도로 순식간에 전파된다고만 믿었다. 그러나 지금은 빛이 1초 동안 30만km, 곧 지구 7바퀴 반을 달린다는 사실을 우리는 잘 알고 있다.

빛의 정체를 완벽하게 밝혀낸 사람은 영국의 물리학자 제임스 맥스웰(1831~79)이다. 빛이란 게 알고 보니 놀랍게도 전자기파의 일종이었다! 전자레

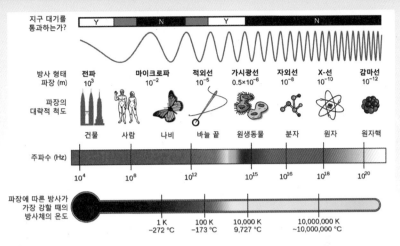

지구 대기를 통과하는가?

| Y | N | Y | N |

방사 형태	전파	마이크로파	적외선	가시광선	자외선	X-선	감마선
파장 (m)	10^3	10^{-2}	10^{-5}	0.5×10^{-6}	10^{-8}	10^{-10}	10^{-12}

파장의 대략적 척도

| 건물 | 사람 | 나비 | 바늘 끝 | 원생동물 | 분자 | 원자 | 원자핵 |

주파수 (Hz)

| 10^4 | 10^8 | 10^{12} | 10^{15} | 10^{16} | 10^{18} | 10^{20} |

파장에 따른 방사가 가장 강할 때의 방사체의 온도

1 K	100 K	10,000 K	10,000,000 K
-272 °C	-173 °C	9,727 °C	~10,000,000 °C

전자기파의 스펙트럼. 전자기파를 파장에 따라 분해하여 배열한 것. 일반적인 스펙트럼이 가시광선 영역에 대한 것이라면, 전자기 스펙트럼은 보다 넓은 전자기파의 범위에 대한 것이다. (출처/wiki)

인지를 돌리고, 여러분의 휴대폰을 울리는 게 바로 이 전자기파다. 전자기파란 주기적으로 세기가 변화하는 전자기마당이 공간 속으로 전파해 나가는 현상으로, 전자파라고도 한다. 많이 쬐면 암도 걸린다.

전기와 자기는 본질적으로 같은 것이며, 이들이 만들어내는 전자기마당의 출렁임, 즉 전자기파를 바로 우리가 '빛'이라 부른다. 전자기파는 파장이 아주 짧은 것부터 엄청 긴 것까지 넓게 분포해 있는데, 우리가 빛이라 부르는 가시광선은 그중 한 좁은 영역의 파장을 가진 전자기파다. 적외선, 자외선, X선, 감마선 등, 이 모든 전자기파는 파장과 진동수만 다를 뿐, 한 형제인 '빛'이다.

가시광선, 곧 사람이 눈으로 볼 수 있는 빛은 파장이 약 800nm(나노미터)에서 400nm인 전자기파다(1nm는 10억분의 1m). 이 범위 내에서 초당 약 500조 번 진동하는 전자기파가 우리 눈에 들어오면 시신경을 자극하고, 시신경은 우리 뇌에 '빛' 신호를 전달한다. 이로써 인류는 드디어 빛의 정체를 알아내게 된 것이다. 현대 문명은 이 빛에 대한 지식 위에 세워진 것이라 해도 과언이 아니다.

Chapter 3

세상에서
가장 오묘한 물건, 별

땅만 내려다보지 말고 고개를 들어 하늘의 별을 보라;
호기심을 가져라; 우주가 존재하는 이유가 무엇인지 의문을 품자.
| 스티븐 호킹 영국 물리학자 |

별이 반짝이는 이유

　별들도 우리처럼 따로 노는 것보다 모여 있기를 좋아하죠. 별들이 무리 지어 모여 있는 것을 성단이라 하는데, 모양에 따라 공처럼 둥글게 모여 있는 것을 구상성단, 흩어져 모여 있는 것을 산개성단이라 불러요.

　우리은하에서 가장 아름다운 성단이 무엇인지 아시나요? 나는 늘 좀생이별을 첫째로 꼽는답니다. 별들이 올망졸망 모여 있다고 해서 이런 이름이 붙었죠. 작은 망원경으로 볼 수 있는 이 아름다운 성단은 황소자리에 있는데, 흔히 플레이아데스로 불린답니다. 메시에 목록(성운 · 성단 목록) 45번(M45)의 산개성단으로, 맨눈으로 3~5등의 별을 7개쯤 볼 수 있는데, 그래서 그 7개의 별을 7자매별이라고 부르기도 해요.

　자, 여기서 우리 슈퍼카를 돌려 좀생이별로 달려가봅시다. 지구에서 거리가 440광년이나 떨어져 있지만, 우리 슈퍼카는 만능 우주차니까 눈 깜박할 새 갈 수 있어요. 저기 벌써 좀생이별이 보이네요. 어때요? 정말 아름답고 신비스럽죠? 성단 전체를 둘러싼 얇은 성간가스가 푸른 별빛을 반사하기 때문에 신비스럽게 보인답니다. 성단의 너비가 16광년이나 되는데, 그 안에 약 1천 개의 별을 포함하고 있어요. 대개 젊은 청백색의 별들인데, 푸른빛으로 아름답게 반짝이죠.

　그런데 인류는 수만 년 동안 밤하늘의 반짝이는 별들을 쳐다보았지만, 별이 무엇으로 그렇게 빛을 내는지 도무지 알 수 없었답니다. 가볼 수가 없잖아요. 심지어 태양과 별이 다 같은 항성이라는 사실도 몰랐

다고 해요. 어떤 이들은 태양이 빛나는 건 엄청난 석탄을 태우기 때문이라는 황당한 주장을 하기까지 했죠. 여러분도 별이 무엇으로 반짝이는지 생각해본 적이 있나요?

인류가 별이 반짝이는 원인이 무엇인지 알아낸 게 고작 100년도 채안 된답니다. 별들이 내뿜는 그 어마어마한 에너지의 원천을 최초로 밝힌 사람은 미국의 한 노총각 교수였답니다. 독일 출신의 한스 베테라는 물리학자였는데, 2차 세계대전이 터지기 바로 직전인 1938년, 별이 무엇으로 빛나는가를 밝힌 논문을 발표했죠.

간단히 설명하면, 별의 에너지는 별 내부에서 핵융합, 즉 수소가 헬륨으로 변환되면서 나오는 핵에너지라는 사실이 비로소 밝혀진 것입니다. 이로써 수만 년 동안 별이 반짝이는 이유를 알지 못했던 인류의 궁금증이 한스 베테 덕분에 비로소 풀리게 된 거랍니다.

그런데 여기에는 아주 재미있는 뒷얘기가 하나 있어요. 논문을 발표하기 하루 전날, 베테가 여친과 함께 바닷가에서 데이트를 했는데, 여친이 서쪽 하늘을 가리키며 "저 별 좀 봐. 정말 예쁘지?" 하고 말했답니다. 그런데 베테의 대꾸가 참으로 엄청난 거였어요. "응. 그런데 저 별이 왜 저렇게 빛나는지 아는 사람은 세상에서 나뿐이지!"

이렇게 해서 베테의 여친은 인류 중에서 별이 빛나는 이유를 알게 된 두 번째 사람이 되었고, 첫 번째 사람인 베테는 별의 에너지원 발견

좀생이별(플레이아데스), M45. 황소자리에 있는 산개성단으로, 맨눈으로도 3~5등의 별을 7개쯤 볼 수 있다. 눈으로 볼 수 있는 7개의 별은 7자매별이라고 부르기도 한다. (출처/NNASA)

Chapter 3. 세상에서 가장 오묘한 물건, 별

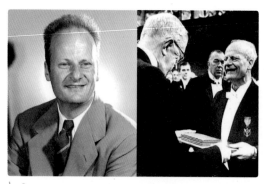

으로 1967년 노벨 물리학상을 받았답니다. 노벨상 선정위원회의 선정 이유는 다음과 같았어요.

"항성 에너지의 근원에 대한 교수님의 해법은 우리 시대 기

인류가 수만 년 동안 궁금해했던 별이 빛나는 이유를 알아낸 한스 베테. 오른쪽은 베테가 1967년 노벨 물리학상을 받는 모습. (출처/wiki)

초물리학의 가장 중요한 응용 가운데 하나로서, 우리를 둘러싼 우주에 대한 이해를 더욱 깊게 해주었습니다."

어때요? 별이 반짝이는 이유를 알고 나니 저 플레이아데스 별들이 더 아름답게 보이지 않나요? 이제부터 밤하늘의 별을 보면 한스 베테에게 경의를 표하도록 해요.

빅뱅 공간에 나타난 수소구름이 맨 처음 한 일

대폭발과 함께 탄생한 우주 공간에 맨 처음 나타난 물질은 수소분자로 이루어진 엄청난 수소구름이었습니다. 물론 헬륨 등도 약간 섞여 있었지만 대부분은 수소였답니다. 이 수소구름들이 점점 중력으로 뭉쳐지기 시작했죠. 물질의 밀도가 약간 높은 곳에서는 중력이 그만큼 강해지기 때문에 더 많은 구름을 모으게 되고, 이 같은 과정이 되풀이

되면서 수소구름은 거대한 성운으로 자라게 됩니다.

나중에는 우주 곳곳에 몇 광년, 몇십 광년 크기의 엄청난 성운들이 만들어졌고, 이 구름들은 마침내 어떤 일을 하기 시작했답니다. 바로 별을 만드는 일이었죠.

그럼 우리 우주 슈퍼카를 돌려 별이 만들어지는 빅뱅 공간의 현장으로 달려가볼까요? 저기 소용돌이치는 수소구름들이 보이네요. 마치 태풍의 눈을 보는 것만 같군요. 자, 필름을 빨리 돌려보도록 하죠.

원자구름이 중력에 의해 계속 수축함에 따라 성운은 거대한 회전 원반으로 변하게 됩니다. 회전하는 원반에는 구심력과 원심력이 같이 작용하죠. 수소구름이 돌면서 덩치가 작아지는 것에 비례해 회전속도는 점점 빨라지고 밀도는 높아갑니다. 피겨 스케이팅 김연아 선수가 회전을 하다가 팔을 오므리면 회전속도가 더 빨라지는 것과 같은 이치랍니다. 이걸 각운동량 보존의 법칙이라 하죠.

저렇게 돌면서 단단해지는 수소공 중심의 온도와 압력은 매우 빨리 올라간답니다. 그러다가 온도가 1,000만K를 넘어가면 하나의 사건이 발생해요. 바로 수소 핵융합 반응이 시작되는 거죠. 수소원자 네 개가 헬륨원자 하나로 융합하면서 약간의 질량이 사라지고 여기에서 엄청난 에너지가 방출되는데, 이것이 바로 핵에너지랍니다.

아인슈타인의 상대성 이론에서 나온 유명한 방정식 $E = mc^2$이라는 관계식에 따라 엄청난 핵에너지가 나오는데, 그 위력은 이미 2차 세계대전 당시 히로시마에서 터진 원자폭탄으로 입증된 적이 있습니다(여기서 E(erg)는 질량 m(g)과 동등한 에너지. c는 진공 중의 광속도).

수소구름이 별이 되다

대폭발 후 처음 나타난 물질은 엄청난 수소가스 덩어리였어.

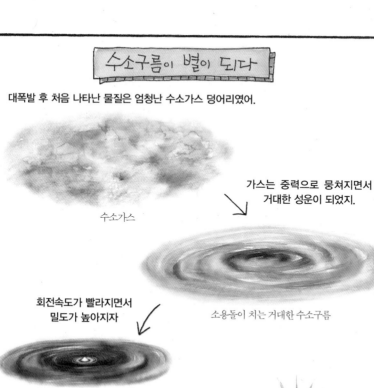

수소가스

가스는 중력으로 뭉쳐지면서
거대한 성운이 되었지.

소용돌이 치는 거대한 수소구름

회전속도가 빨라지면서
밀도가 높아지자

수소공 중심이 단단해지며
온도와 압력이 상승했고,

온도가 1,000만K를 돌파하면서
수소 핵융합 반응이 시작됐어!

수소공에 불이 번쩍! '퍼스트 스타'가
탄생한 거야! (빅뱅 후 2억 년 무렵)

은하

은하

은하

10억 년 후, 별들의 도시인 은하들이
우주 공간에 등장하기 시작했단다!

⤷ **별의 탄생**(상상도). 수소구름이 원반 모양으로 회전하면서 뭉쳐져서 별이 태어난다. (출처/ESA)

이로써 수소공에 불이 반짝 켜지고 최초의 빛이 우주 공간으로 방출됩니다. 이것이 바로 '스타 탄생'입니다. 이렇게 우주에 최초의 별이 생겨난 것은 언제일까요? 최근 플랑크 관측위성으로 우주배경복사를 정밀하게 관측해서 밝혀낸 우주의 물질 분포에 의하면, 팽창하는 우주에서 중력에 의해 은하의 씨앗이 생기고 최초의 1세대 별, 퍼스트 스타가 탄생한 것은 우주 탄생 후 2억 년 무렵이라는 계산서가 나왔어요.

이때는 아직 무거운 원소들이 없었기 때문에 최초의 별들, 곧 1세대 별들은 많은 양의 기체를 모아야 했어요. 그래서 지금의 별보다 훨씬 큰 거대 항성이 되었답니다. 태양의 수백 배에서 수천 배에 달하는 크기의 별들이 우주의 여기저기에서 태어나 빛을 뿌려대기 시작했어요. 이후 10억 년이 지나자 중력에 의해 은하들이 우주 공간에 나타나 거대한 구조들을 만들어가기 시작했답니다.

이처럼 별들이 모여서 별들의 도시인 은하를 만들고, 또 수많은 은하들이 무리 지어 138억 년의 진화를 거듭해온 것이 바로 오늘의 대우주인 것입니다. 만약 빅뱅이 없었다면 태양도, 지구도 생겨날 수가 없었겠죠. 이 책을 읽는 여러분 역시 마찬가지고요.

우리들이 현대과학에 힘입어 우주의 성립과 구조를 여기까지 이해할 수 있게 된 것에 대해, 20세기를 대표하는 물리학자 아인슈타인은 이렇게 말했습니다.

"인간이 우주를 이해할 수 있다는 것이 가장 불가사의한 일이다."

별들도 우리처럼 늙고 죽는다

수소가스 뭉치로 이루어진 별이지만, 별의 뜻은 심오하답니다. 별이 없었다면 인류는 물론 어떤 생명체도 이 우주 안에 존재하지 못했을 거예요.

퍼스트 스타가 탄생하니 그 뒤를 따라 수많은 별들이 우주 여기저기에서 반짝이기 시작합니다. 그런데 여기서 보니 새로 태어난 별이라도 크기와 색이 제각각이군요. 푸른색, 흰색, 노란색, 붉은색에까지 걸쳐

새 별들이 태어나고 있는 용골자리 성운. 별도 사람처럼 태어나고, 늙고, 죽는다. (출처/ESA)

있네요. 항성의 밝기와 색은 표면온도에 달려 있어요. 온도가 높을수록 푸른색을 띤답니다. 우리에게 가장 가까운 별인 태양은 노란 별이죠. 자연주의 명수필집 〈월든〉을 쓴 미국의 시인 데이비드 소로는 태양을 '아침에 뜨는 별'이라고 표현했답니다.

모든 별은 태어날 때 딱 한 가지에 의해 일생의 운명이 다 정해진답니다. 바로 타고난 별의 질량이죠. 별의 질량은 보통 최소 태양의 0.085배에서 최대 300배까지 다양하답니다. 크기의 차이는 더욱 엄청나죠. 방패자리에 위치한 적색 초거성 스티븐슨 2-18이라는 별은 지름이 태양의 2,150배에 이른답니다.

우주 공간에 최초로 나타난 1세대 별들의 특징은 하나같이 초거성이었다는 점입니다. 어떤 별은 크기가 태양의 수십 배에서 수백 배에 이르기도 하고, 표면온도는 태양의 20배나 되는 10만 도를 웃돌았다고 해요. 그래서 1세대 별들은 거의 청백색이고, 밝기는 태양의 수만

배에서 100만 배에 이르렀답니다.

그러나 별은 덩치가 클수록 수명은 기하급수적으로 짧아집니다. 태양은 100억 년 정도 살지만, 이들 1세대 별은 300만 년 사는 게 고작이었답니다. 사람도 몸이 작고 마른 편이 오래 사는 데는 유리해요. 그러니 덩치 큰 사람을 부러워할 거 없겠죠.

여기서 돌발 퀴즈 하나! 모든 별은 왜 공처럼 둥글까요? 그 답은 중력 때문이랍니다. 중력은 질량의 중심에서 작용해요. 이 중력이 별의 모든 원소들을 끌어당겨 서로 가장 가깝게 만들 수 있는 모양이 바로 구(球)랍니다. 지름 500km 이상의 천체에서는 중력이 지배적인 힘으로 작용해 자기 몸을 공처럼 주물러 둥그렇게 만들어버리는 거랍니다.

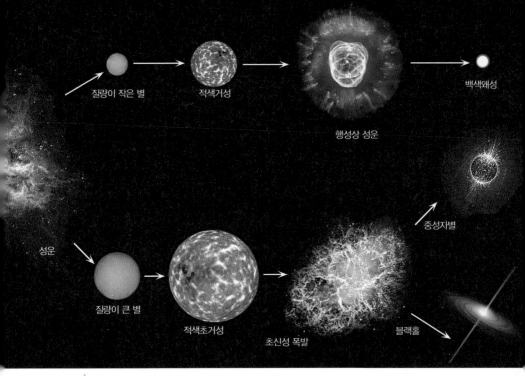

별의 일생. 별은 타고난 질량에 의해 일생이 결정된다. (출처/ESA)

70억 년 후 태양은 죽는다

태양처럼 질량이 작은 별은 조용하게 죽음을 맞이합니다. 대략 태양 질량의 8배 이하인 작은 별은 마지막 단계의 핵융합으로 별의 바깥 껍질을 우주 공간으로 날려버립니다. 이때 태양의 경우 자기 질량의 거의 절반을 잃어버리죠.

태양이 뱉어버린 허물은 태양계의 먼 변두리, 해왕성 바깥까지 뿜어져나가 찬란한 쌍가락지를 만들어놓을 거예요. 이것이 바로 행성상 성운으로, 생의 마지막 단계에 들어선 별의 모습입니다. 하지만 이름만

태양도 언젠가 사라진다고?

태양

나, 태양도 언젠가는 사라져.
몸이 점점 커지고 표면온도는 내려가
64억 년 후 '적색거성(빨갛고 큰 별)'이 되지.

적색거성

78억 년 후, 마지막 핵융합으로
별 껍데기를 우주 공간으로 날려보내.
그것이 '행성상 성운'이야.

행성상 성운

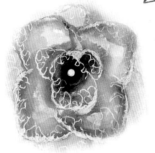

난 아름다운 행성상 성운 한가운데
'백색왜성(희고 작은 별)'으로 자리하다가…

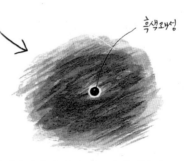

흑색왜성

수십억 년이 지나는 동안 모든 온기를 잃고
'흑색왜성(검고 작은 별)'이 되어 사라질 거야.

그럴 뿐, 행성과는 아무런 관계가 없답니다. 옛사람들이 맨눈으로 볼 때 행성처럼 보여서 이름을 그렇게 붙인 것이죠.

껍데기가 날아가 버린 별은 그다음엔 어떻게 될까요? 이 별의 중심부는 탄소를 핵융합시킬 만큼

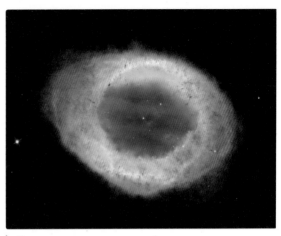

행성상 성운인 고리성운 M57. 거문고자리에 있다. 태양 크기의 별은 죽을 때 껍데기를 우주 공간으로 뿜어버린 후 가운데 백색왜성이 있는 행성상 성운이 된다. (출처/ESA)

뜨겁지는 않지만 표면온도는 아주 높기 때문에 희게 빛납니다. 곧 행성상 성운 한가운데 자리하는 백색왜성이 되는 거죠.

이 백색왜성도 수십억 년 동안 계속 열을 방출하면 끝내는 온기를 다 잃고 까맣게 탄 시체처럼 시들어버린답니다. 이윽고 마지막 빛도 꺼지고 흑색왜성이 되어 우주 속으로 영원히 모습을 감추게 되지요.

태양의 경우 크기가 지구만 한 백색왜성을 남기는데, 이는 애초 항성 크기의 100만분의 1의 공간 안에 물질이 압축된 거랍니다. 이 초밀도의 천체는 차 한 스푼 정도의 물질이 1톤이나 된답니다. 만약 인간이 이 별 위에 착륙한다면 5만 톤의 중력으로 즉각 종잇장처럼 짜부라지고 말겠지요. 과학자들은 태양이 약 78억 년 후에 그 같은 운명을 맞이할 것으로 예측하고 있습니다.

밤하늘은 왜 어두울까?
-올베르스의 역설

"밤하늘은 왜 어두운가?"
이런 심거운(?) 질문 하나가 몇 세기 동안 천문학자들의 골머리를 싸매게 했다니, 얼른 믿기지 않겠지만 사실이다. 이 질문의 의미는 보기보다 심오하다. 어두운 밤하늘이 '무한하고 정적인 우주'라는 기존의 우주관에 모순된다는 것을 보여주기 때문이다.

이 문제의 원형은 오래전부터 존재했지만, 이것을 하나의 화두로 만든 사람은 19세기 독일의 천문학자인 하인리히 올베르스(1758~1840)다. 소행성 발견자인 올베르스는 '어두운 밤하늘의 역설'이라고도 하는 '올베르스의 역설'로 더 유명해졌다.

1832년, 올베르스는 이 역설을 다음과 같이 서술했다. "무한한 공간 전체에 정말로 태양들이 산재한다면, 대략 같은 간격으로 분포하든지 아니면 은하 체계들에 속해서 분포하든지 간에, 태양들의 개수는 무한일 테고, 따라서 온 하늘이 태양에 못지않게 밝아야 할 것이다. 왜냐하면 우리의 눈에서 뻗어나가는 모든 시선 각각이 반드시 어떤 항성과 만날 테고, 따라서 하늘의 모든 지점이 우리를 향해 항성의 빛, 곧 태양의 빛을 보낼 것이기 때문이다."

그런데도 밤하늘은 여전히 어둡다. 이건 역설이다. 왜 그런가? 거리가 멀어질수록 별빛의 광도가 떨어지기 때문이라는 것도 정답이 될 수 없다. 광도는 거리 제곱에 반비례하지만, 그 거리를 반지름으로 하는 구면의 면적 역시 거리 제곱에 비례하여 늘어나고, 따라서 별의 개수도 그만큼 늘어나기 때문이다.

올베르스의 역설을 처음으로 해결한 사람은 뜻
밖에도 과학자가 아니라 소설가였다. 유명한
〈검은 고양이〉를 쓴 미국의 작가 에드거 앨런 포
(1809~49)가 그 주인공이다. 아마추어 천문가
이기도 한 포는 자신이 천체관측을 한 것에 대해
쓴 산문시 〈유레카〉(1848)에서 "광활한 우주 공
간에 별이 존재할 수 없는 공간이 따로 있을 수
는 없으므로, 우주 공간의 대부분이 비어 있는
것처럼 보이는 것은 천체로부터 방출된 빛이 아
직 우리에게 도달하지 않았기 때문이다"라고 주
장했다. 그는 또 "이 아이디어는 너무나 아름다

죽기 1년 전인 1848년에 찍은
에드거 앨런 포. (출처/wiki)

워서 진실이 아닐 수 없다"라고 단언했다. 예술가다운 직관이라 하지 않을 수 없다.

포의 말마따나 밤하늘이 어두운 이유는 빛의 속도가 유한하고, 대부분의 별이나 은
하의 빛이 아직 지구에 도달하지 않았기 때문이다. 그것은 또 별빛이 우리에게 도달
하기에는 우주가 태어난 지 충분히 오래되지 않았기 때문이기도 하다.

그러나 포가 미처 몰랐던 중요한 사실이 하나 더 있다. 그것은 우주가 지금 이 시간
에도 계속 엄청난 속도로 팽창하고 있다는 사실이다. 이 우주 팽창에 의해 별빛이 우
리 눈으로 볼 수 없는 파장대로 변형되어 '가시광선'의 범위를 벗어남에 따라 밤하늘
은 여전히 어두운 것이다. 또한 우주 저편에서 출발해 아직까지 도달하지 못한 별빛
들 역시 당분간, 아니, 영원히 도달하지 못할 것이고, 밤하늘이 점차 밝아지는 일도
일어나지 않을 것이라는 게 정답이다.

우리가 지구 행성에서 올려다보는 밤하늘이 어두운 이유는 우주가 유한하며 정적이
지 않다는 빅뱅 이론을 지지하는 강력한 증거 중 하나인 셈이다. 밤하늘이 어두운 이
유도 이처럼 심오하다.

별이 우주의 주방장이라고요?

우주를 만드는 기본 구조물은 은하지만, 은하를 만드는 것은 별들이에요. 별은 말하자면 우주라는 집을 짓는 데 쓰이는 벽돌 같은 존재라 할 수 있죠.

태양을 비롯한 대부분의 별이 주로 수소와 헬륨으로 이루어졌다는 것은 앞에서도 얘기한 적이 있죠. 우주에서 수소 다음으로 많은 헬륨은 양성자, 중성자, 전자를 각각 두 개씩 갖고 있어요. 따라서 질량은 수소의 4배가 되고, 우주 물질의 24%를 차지한답니다.

천문학에서는 헬륨보다 무거운 원소들은 모두 중원소로 칩니다. 그럼 중원소들은 어디에서 만들어졌을까요? 이 문제는 별이 무슨 에너지로 빛나고 있는가라는 것과 밀접한 관계가 있습니다.

별의 내부에서 헬륨 이후의 중원소들이 합성되는 과정을 간단히 설명하자면, 헬륨 원자핵 두 개가 결합하여 불안정한 상태의 베릴륨 원자핵을 만들고, 여기에 다시 헬륨 원자핵이 결합하여 들뜬 상태의 탄소 원사핵이 만들어지죠.

별의 내부에서는 여러 단계의 핵융합 반응이 일어나 헬륨보다 무거운 원소들이 차례대로 만들어져 별의 내부에 켜켜이 쌓입니다. 빅뱅 우주 공간에서 만들어진 수소와 헬륨을 뺀 모든 원자들은 별이 만들어낸 것들이죠. 그래서 천문학자들은 별을 우주의 주방장이라고 말한답니다. 그러나 별 속에서 만들어지는 이 원소 요리의 행진은 원자번호 26번인 철에서 딱 멈춘답니다. 철이 가장 안정된 원소이기 때문이에요.

따라서 별 속에서 이루어지는 핵융합이라는 원소 요리 레시피는 철보다 무거운 원자핵을 만들 수가 없답니다. 그렇다면 원자번호 26번 이후의 원자핵들은 대체 어디에서 만들어졌을까요?

철보다 무거운 원소는 초신성 레시피로

철보다 무거운 원소를 만들어내는 레시피는 초신성 폭발입니다. 그럼 어떤 별이 초신성이 되는 걸까요? 대략 태양의 8배 이상의 질량을 가진 무거운 별의 종말이 바로 초신성이랍니다. 질량이 중간치 정도 되는 태양 같은 별은 그대로 졸아들어 끝나지만, 태양보다 8배 이상 되는 큰 별은 진화의 최종 단계에 다다른 별이 자체 중력붕괴❶를 일으켜 장렬한 폭발로 생을 마감하는 거죠.

이러한 별들은 속에서 핵융합이 단계별로 진행되다가 이윽고 규소가 융합해서 철이 될 때 중력붕괴가 일어납니다. 초고밀도의 핵이 중력붕괴로 급격히 수축했다가 다시 크게 반발하면서 강력한 폭발로 일생을 마감합니다. 이것이 바로 슈퍼노바(Supernova), 곧 초신성 폭발이랍니다. 거대한 별이 한순간 폭발로 자신을 이루고 있던 온 물질을 우주 공간으로 폭풍처럼 내뿜어버리게 되는 거죠. 수축을 시작해서 대폭

❶ 천체가 자신의 중력(만유인력)으로 인해 폭발적으로 수축하는 것.

초신성 폭발의 잔해인 게 성운. 황소자리 방향에 있다. 지구에서 약 6,500광년 떨어져 있으며, 성운의 지름은 11광년이다. 현재도 초속 1,500km로 바깥쪽으로 퍼지고 있다. (출처/NASA)

발하기까지의 시간은 겨우 몇 분에 지나지 않아요. 수천만 년 동안 빛나던 대천체의 마지막 순간치고는 지극히 짧은 셈이죠.

초신성이 폭발하면서 태양 밝기의 수십억 배나 되는 빛으로 우주 공간을 밝힙니다. 빛의 강도는 수천억 개의 별을 가진 온 은하가 내놓는 빛보다 더 세답니다. 우리은하 부근이라면 대낮에도 맨눈으로 볼 수 있을 정도로 초신성 폭발은 우주의 최대 드라마죠.

초신성 폭발 때 별이 일생 동안 핵융합을 통해 방출한 것보다도 훨씬 많은 에너지가 짧은 순간에 방출됩니다. 폭발 후에는 중성자별이나 블랙홀 등이 된답니다.

만약 이런 초신성이 태양계에서 몇 광년 떨어지지 않는 곳에서 폭발한다면 지구상의 모든 생명체는 그 순간에 사라지고 말겠죠. 우리는 절대 그런 일이 없도록 기원해야 합니다.

사실 초신성이란 '신성', 즉 새로운 젊은 별이 아니라, 질량이 무거운 늙은 별을 가리키고, 초신성 폭발은 그 늙은 별의 임종인 셈이죠. 망원경이 없던 옛날 사람들이 별이 없던 공간에 갑자기 엄청 밝은 별이 나타난 것을 보고는 초신성이란 이름을 붙였을 뿐이랍니다.

초신성이 폭발할 때 불과 며칠 동안에 엄청난 에너지를 방출해버리기 때문에 폭발 직후의 밝기는 태양의 100억 배나 된다고 해요. 이 어마무시한 초고온-초고압으로 핵자 속에 양성자, 중성자들을 박아넣어 순식간에 무거운 원소를 만들어내는 거죠. 이것이 초신성의 중원소 합성이랍니다. 금이나 은, 우라늄 같은 중원소가 이때 순식간에 만들어지는 거죠. 따라서 많이 만들어지지는 않아요. 금이 철보다 비싼 이유는 바로 그 때문이랍니다. 이것이 바로 초신성의 연금술❷이죠.

지금 여러분의 엄마, 아빠의 손가락에 끼워져 있는 금은 두말할 것도 없이 초신성 폭발에서 나온 거랍니다. 지구가 만들어질 때 섞여들어 금맥을 이루고, 그것을 광부가 캐어내 가공된 후 금은방을 거쳐 그렇게 손가락에 끼워진 거지요. 신기하지요? 이것은 공상소설이 아니라 실화랍니다.

'별에서 온 당신'

초신성 폭발은 큰 에너지로 중원소를 제조할 뿐만 아니라, 별이 일생을 통해 만들어낸 중원소들을 우주 공간에 흩어놓아 우주가 화학적으로 풍요로운 곳이 되도록 하는 역할도 한답니다. 그리고 이것은 또다른 별을 잉태하는 씨앗이 되는 거죠. 우주 공간으로 뿜어낸 별의 찌꺼기들은 성간물질이 되어 떠돌다가 다시 같은 경로를 밟아 별로 환생하기를 거듭합니다. 별의 윤회라고 할 수 있죠.

더 놀라운 사실을 하나 말해줄게요. 인간의 몸을 구성하는 모든 원소들, 곧 피 속의 철, 이빨 속의 칼슘, DNA의 질소, 갑상선의 요오드 등 원자 알갱이 하나하나가 모두 별 속에서 만들어졌다는 사실이죠. 수십억 년 전 초신성 폭발로 우주를 떠돌던 별의 물질들이 뭉쳐져 지구를

❷ 구리·납·주석 등의 비금속 재료로 금·은 등의 귀금속을 만들려고 한 원시적 화학 기술.

우리 주변의 모든 철은
별의 핵융합으로 만들어졌어.

나, 별에서 온
자동차 !

엄마, 아빠의 결혼 금반지는 초신성에서
왔지. 금은 철보다 무거운 중원소야.

인간의 몸을 이루는 모든 원소들도
별에서 왔대.

나비도…

고양이도…

우리도…

모두 '메이드 인 스타'야!

Chapter 3. 세상에서 가장 오묘한 물건, 별

곤줄박이. 손에 땅콩을 놓고 부르면 날아와 앉는다. 새도 꽃도 나도 다 별에서 온 존재들이다. (사진/이진희)

만들고, 이것을 재료 삼아 뭇 생명체들과 인간을 만든 거랍니다. 이건 무슨 비유가 아니라, 과학이고 실화예요.

알고 보면 우리는 어버이 별에게서 몸을 받아 태어난 별의 자녀들이랍니다. 말하자면 우리는 별먼지로 만들어진 '메이드 인 스타(made in stars)'인 셈이죠. 이게 바로 별과 인간의 관계, 우주와 나의 관계랍니다. 이처럼 우리는 우주의 일부분입니다.

은하 탄생의 시초로 거슬러올라가면 수없이 많은 초신성 폭발의 찌꺼기들이 수십억 년 동안 우주를 떠돌다 태양계가 생성될 때 지구에 흘러들었고, 마침내 나와 새의 몸속으로 흡수되었습니다. 그리고 그 새의 시저귀는 소리를 별이 빛나는 밤하늘 아래에서 내가 듣고 있는 거죠. 별이 자신의 몸을 아낌없이 우주로 뿌리지 않았더라면 당신과 나 그리고 새는 존재하지 못했을 겁니다. 그래서 고은 시인은 이렇게 노래했죠.

소쩍새가 온몸으로 우는 동안
별들도 온몸으로 빛나고 있다

이런 세상에서 내가 버젓이 잠을 청한다

('순간의 꽃' 중에서)

생각해보면 우주 공간을 떠도는 수소 원자 하나, 우리 몸속의 산소 원자 하나에도 100억 년 우주의 역사가 숨쉬고 있는 거예요. 우리 인간은 138억 년에 이르는 우주의 역사를 거친 끝에 지금 이 자리에 존재하게 된 셈이죠. 이처럼 우주가 태어난 이래 오랜 여정을 거쳐 여러분과 우리 인류는 지금 여기 서 있는 거랍니다. 우주의 오랜 시간과 사랑이 우리를 키워온 것이라 할 수 있겠죠.

이런 마음으로 오늘 밤 바깥에 나가 하늘의 별을 한번 올려다보세요. 아마 그 별들은 예전에 보던 별과는 조금은 달리 보일 겁니다. 저 아득한 높이에서 반짝이는 별들에서 그리움과 사랑을 느낄 수 있다면, 여러분은 진정 우주적인 사랑을 가슴에 품은 사람이라 할 수 있겠죠.

평생 같이 별을 관측하다가 나란히 묻힌 어느 두 여성 별지기의 묘비에 이런 글이 적혀 있다고 해요.

"우리는 별들을 너무나 사랑한 나머지 이제는 밤을 두려워하지 않게 되었다."

철학자의 엉덩이를 걷어찬 천문학자

1835년, 프랑스의 실증주의 철학자 콩트는 다음과 같이 말했죠.

"과학자들이 지금까지 밝혀진 모든 것을 가지고 풀려고 해도 결코 해명할 수 없는 수수께끼가 있다. 그것은 별이 무엇으로 이루어져 있나 하는 문제이다."

그러나 결론적으로 이 철학자는 좀 신중하지 못했어요. 콩트가 죽은 지 2년 만인 1859년, 하이델베르크 대학 물리학자 키르히호프가 별이 어떤 물질로 이루어져 있는가 하는 계산서를 뽑아내는 데 성공했답니다. 무엇으로? 바로 별빛에 그 답이 있었어요.

키르히호프는 태양광 스펙트럼 연구를 통해, 태양이 나트륨, 마그네슘, 철, 칼슘, 동, 아연과 같은 매우 평범한 원소들을 함유하고 있다는 사실을 발견했죠. 인간이 '빛'의 연구를 통해 영원히 닿을 수 없는 곳의 물체까지도 무엇으로 이루어졌나 알아낼 수 있게 된 거죠.

특정한 파장의 빛은 특정한 원소의 가스에 흡수되어 프라운호퍼 선❶을 만들어냅니다. 따라서 어떤 별빛을 분광기로 조사해 프라운호퍼 선을 찾아내면 바로 그 별의 성분을 알 수 있는 것이죠.

키르히호프는 유황이나 마그네슘 등의 원소를 묻힌 백금막대를 분젠 버너 불꽃 속에 넣을 때 생기는 빛을 프리즘에 통과시키는 방법으로 여러 가지 원소의 스펙트럼 속에서 나타나는 프라운호퍼 선을 연구

❶ 태양 광선을 분광기로 분해한 스펙트럼 가운데에 나타나는 무수한 암선(어두운 선)으로, 독일의 물리학자 프라운호퍼가 발견하여 프라운호퍼 선 또는 흡수선이라고 한다.

한 결과, 각각의 원소는 고유의 프라운호퍼 선을 갖는다는 사실을 발견했어요. 말하자면 원소의 지문을 밝혀낸 셈이죠.

그는 "해냈다!"고 외쳤습니다. 별의 수수께끼는 모두 별빛 속에 답이 있었던 거죠. "별의 물질을 아는 것은 불가능하다"고 단정한 콩트의 말을 보기 좋게 뒤집은 겁니다. 그러나 콩트는 이미 2년 전에 죽은 바람에 운 좋게도(?) 엉덩이를 걷어차이지는 않았답니다.

어쨌든 이로써 키르히호프는 태양을 최초로 해부한 사람이 되었고, 항성물리학의 아버지가 되었죠. 그러나 태양이 무엇을 태워 저처럼 막대한 에너지를 분출하는지, 그 에너지원이 밝혀지기까지는 아직 한 세기를 더 기다려야 했답니다.

뒷얘기 하나-.

키르히호프가 이용하는 은행의 지점장이 자기 고객이 태양에 있는 원소에 관한 연구를 하고 있다는 말을 듣고는 한마디 하더랍니다. "태양에 아무리 금이 많다 하더라도 지구에 갖고 오지 못한다면 무슨 소용이 있겠습니까?" 훗날 키르히호프가 분광학 연구 업적으로 대영제국으로부터 메달과 파운드 금화를 상금으로 받게 되자 그것을 지점장에게 건네며 말했죠. "옜소. 태양에서 가져온 금이오."

알수록 신기한
별빛 이야기

흔히들 "천문학은 구름 없는 밤하늘에서 탄생했다"라고 한다. 구름이 없어야 별을 볼 수 있기 때문이다. 만약 밤하늘에 별들이 없다면 세상은 얼마나 적막할까? 수천 수만 광년의 거리를 가로질러 우리 눈에 비치는 이 별빛이야말로 참으로 심오한 존재다.

별에 대해 꼭 기억해야 할 점은, 오늘날 우리가 가지고 있는 천문학과 우주에 관한 지식은 대부분 별빛이 가져다준 것이란 점이다. 우주의 모든 정보들은 별빛 속에 담겨 있었다.

우리는 별빛으로 별과의 거리를 재고, 별빛을 분석하여 별의 성분을 알아낸다. 우리 은하의 모양과 크기를 가르쳐준 것도 별빛이요, 우주가 빅뱅으로 출발하여 지금 이 순간에도 계속 팽창하고 있다는 사실을 인류에게 알려준 것도 이 별빛이다. 알고 보면 별빛은 이처럼 심오하다. 인류에게 빛이 속도가 있다는 사실을 알려준 것 역시 '별빛'이었다. 이 경우는 위성이기는 하지만.

파리 천문대에서 1675년부터 목성의 위성을 관측하던 올레 뢰머는 목성에 의한 위성의 식(蝕)●에 걸리는 시간이 지구가 목성과 가까워질 때는 이론값에 비해 짧고, 멀어질 때는 길어진다는 사실을 알게 되었다. 목성의 제1위성 이오의 식을 관측하던 중 이오가 목성에 가려졌다가 예상보다 22분이나 늦게 나타났던 것이다. 바로 그 순

●어떤 천체가 다른 천체의 그늘에 들어가거나 뒤로 가려지는 현상을 말한다. 지구가 달과 태양 사이에 태양을 가릴 때를 월식, 달이 태양을 가릴 때를 일식이라 한다.

간, 그의 이름을 불멸의 존재로 만든 한 생각이 번개같이 스쳐 지나갔다.

"이것은 빛의 속도 때문이다!"

이오가 불규칙한 속도로 운동한다고 볼 수는 없었다. 그것은 분명 지구에서 목성이 더 멀리 떨어져 있을 때, 그 거리만큼 빛이 달려와야 하기 때문에 생긴 시간차였다.

뢰머는 빛이 지구 궤도의 지름을 통과하는 데 22분이 걸린다는 결론을 내렸으며, 지구 궤도 반지름은 당시 1억 4천만km로 밝혀져 있어 빛 속도 계산은 어려울 게 없었다.

목성과 그 위성인 갈릴레이 위성을 합성하여 만든 크기 비교 사진. 위에서부터 아래로 이오, 유로파, 가니메데, 칼리스토이다. 갈릴레오 갈릴레이가 발견해서 갈릴레이 위성이라 부른다. (출처/wiki)

그가 계산해낸 빛의 속도는 초속 214,300km였다. 오늘날 측정치인 299,800km에 비해 28%의 오차를 보이지만, 당시로 보면 놀라운 정확도였다.

무엇보다 빛의 속도가 무한하다는 기존의 주장에 반해 유한하다는 사실을 최초로 증명했다는 것이 놀라운 과학적 성과였다. 이는 물리학에서 획기적인 기반을 이룩한 쾌거로, 1676년 광속 이론을 논문으로 발표한 뢰머는 하루아침에 과학계의 스타로 떠올랐다.

별자리는 대체
무엇에 쓰는 물건인고?

한자로 성좌(星座)라고 하는 별자리는 한마디로 하늘의 번지수다. 하늘의 번지
수는 88번지까지 있다. 별자리 수가 남북반구를 통틀어 88개 있다는 뜻이다. 이
88개 별자리로 하늘은 빈틈없이 경계지어져 있다. 물론 별자리의 별들은 모두
우리은하에 속한 것이다. 이런 별자리들은 예로부터 여행자와 항해자의 길잡이
였고, 야외생활을 하는 사람들에게는 밤하늘의 거대한 시계였다. 지금도 이 별
자리로 인공위성이나 혜성을 추적한다.

비교적 최근인 1930년, 국제천문연맹(IAU) 총회에서 온 하늘을 88개 별자리로 나누
고, 황도를 따라 12개, 북반구 하늘에 28개, 남반구 하늘에 48개의 별자리를 각각 정
한 다음, 지금까지 알려진 별자리의 주요 별이 바뀌지 않는 범위에서 천구상의 적
경·적위에 평행한 선으로 경계를 정했다. 이것이 현재 쓰이고 있는 별자리로, 이중
우리나라에서 볼 수 있는 별자리는 67개다. 그중 오리온자리는 유일하게 1등성을 두
개(베텔게우스·리겔)나 가진 별자리다.

별자리로 묶인 별들은 사실 서로 별 연관이 없는 사이다. 거리도 다 다른 3차원 공간
에 있는 별들이지만, 지구에서 보아 2차원 구면에 있는 것으로 간주해 임의로 묶어
놓은 데에 지나지 않는다. IAU가 그렇게 한 것은 하늘에서의 위치를 정하기 위함이
다. 말하자면 별자리는 IAU가 하늘에다 박아놓은 빨간 말뚝인 셈이다.

별들은 지구의 자전과 공전에 의해 일주운동과 연주운동을 한다. 따라서 별자리들
은 일주운동으로 한 시간에 약 15도 동에서 서로 이동하며, 연주운동으로 하루에 약

시간이 지남에 따라 바뀌는 북두칠성의 모양. (사진/염범석)

1도씩 서쪽으로 이동한다. 다음날 같은 시각에 보는 같은 별자리도 어제보다 1도 서쪽으로 이동해 있다는 뜻이다. 때문에 계절에 따라 보이는 별자리 또한 다르다. 우리가 흔히 계절별 별자리라 부르는 것은 그 계절의 저녁 9시경에 잘 보이는 별자리들을 말한다. 별자리를 이루는 별들에게도 번호가 있다. 가장 밝은 별로 시작해서 알파(α), 베타(β), 감마(γ) 등으로 붙여나간다.

별이 일주운동을 할 때 북극성을 중심으로 하여 도는데, 지구의 자전축이 북극성을 가리키고 있기 때문이다. 북극성을 찾는 것은 북두칠성을 이용하면 쉽다. 북두칠성 됫박의 끝 두 별 거리의 5배를 연장하면 북극성에 닿는다. 예전엔 천체관측에 나서려면 별자리 공부부터 해야 했지만, 요즘에는 별자리 앱을 깐 스마트폰을 밤하늘에 겨누면 별자리와 유명 별 이름까지 가르쳐주니 별자리 공부 부담은 덜게 되었다.

오랜 세월 변함없어 보이는 별자리도 사실 오랜 시간이 지나면 그 모습이 바뀐다. 별자리를 이루는 별들은 저마다 거리가 다르며, 항성의 고유운동으로 1초에 수십~수백km의 빠른 속도로 움직이고 있다. 앞으로 5,600년이 지난 후에는 세페우스자리 알파(α)별이, 그리고 1만 2,000년 후에는 거문고자리 베가(직녀성)가 북극성이 된다.

Chapter 4

별들이 만든 도시,
은하

천문학자들은 낭만주의자다.
우주를 이해하지 못하면 자신을 이해할 수 없다고 믿는다.

| 올리히 뵐크 독일 천문학자 |

은하수는 무엇일까?

요즘은 빛공해가 심해 은하수 보기도 힘들지만(한국이 세계 빛공해 1등국이랍니다), 그래도 강원도 깊은 산골로 들어가면 밤하늘에 동서로 길게 누워 가는 전설 같은 은하수를 볼 수 있답니다. 그래서 별지기들도 은하수 사진을 찍으려고 강원도의 별빛보호지구 같은 곳을 자주 찾아가곤 하죠.

그런데 대체 이 뿌연 '빛의 강'의 정체는 무엇일까요? 이 은하수를

🛬 고목과 은하수. 강원도 인제 해발 800m 꼭대기의 고목 아래에서 찍었다. (사진/이성모)

일컬어 서양에서는 밀키웨이(Milky Way)라 하고, 우리나라에서는 미리내라고 불렀습니다. '미리'는 용을 뜻하는 우리 옛말 '미르'에서 왔고, '내'는 작은 강을 뜻하죠. 그러니까 미리내는 '용의 강'이란 뜻이에요. 태양계가 있는 우리은하를 그래서 미리내 은하라고 하죠. 우유의 길보다는 미리내가 훨씬 운치가 있죠?

인류가 은하수를 본 지는 몇십만 년이나 되지만 은하수의 정체가 밝혀진 것은 그리 오래되지 않았습니다. 17세기에 들어서 이탈리아의 갈릴레오 갈릴레이가 자신이 만든 최초의 망원경으로 은하수를 관측하고, 성운처럼 흐릿하게 보이는 은하수가 실제로는 개개의 별들로 분해된다는 것을 알아냈답니다. 덕분에 은하수가 무수한 별들의 무리라

는 사실을 인류에게 최초로 보고하는 영광을 얻었죠. 그러나 그 별의 띠가 왜 그렇게 보이는지는 갈릴레오로서도 알 수가 없었답니다.

여기서 은하와 은하수를 구별할 필요가 있겠네요. 은하는 일반명사이고, 은하수는 우리은하를 가리키는 고유명사예요. 그래서 영어로는 은하를 소문자를 써서 갤럭시(galaxy), 은하수는 대문자로 갤럭시(Galaxy)라 표기한답니다.

미리내 은하의 형태

　미리내 은하의 모습은 가운데가 약간 도톰한 원반 꼴입니다. 중심부에는 막대 구조가 있는 막대나선은하죠. 지름은 10만 광년, 가장자리 두께는 5천 광년, 중심 부분은 2만 광년이랍니다.

　늙고 오래된 별들이 공 모양으로 밀집한 중심핵(Bulge)이 있는 팽대부와, 그 주위를 젊고 푸른 별, 가스, 먼지 등으로 이루어진 나선팔이 원반 형태로 회전하고 있어요. 그 외곽에는 주로 가스, 먼지, 구상성단 등의 별과 암흑물질로 이루어진 헤일로(Halo)가 지름 40만 광년의 타원형 모양으로 은하 주위를 감싸고 있답니다.

　우리은하를 옆에서 보면 계란 프라이와 비슷하게 생겼어요. 은하가

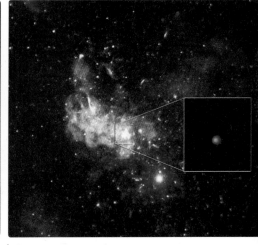

위에서 본 우리은하(상상도). 막대 구조 끝에서 나온 두 개의 거대한 나선팔이 은하를 지배하고 있다. (출처/NASA)

궁수자리 A*에서 방출되는 강력한 X-선이 우리은하 블랙홀의 존재를 보여준다. 태양 질량의 450만 배 되는 초대질량 블랙홀이다. (출처/wiki)

이렇게 납작한 이유는 은하 자체의 회전운동 때문이에요. 이 안에 약 4천억 개의 별들이 중력의 힘으로 묶여 있죠. 태양 역시 그 4천억 개 별 중의 하나일 뿐이랍니다. 태양은 우리은하의 중심으로부터 은하 반지름의 2/3쯤 되는 거리에 있는데, 나선팔 중의 하나인 오리온 팔의 안쪽 가장자리에 놓여 있답니다.

천구상에서 은하면은 북쪽으로 카시오페이아자리까지, 남쪽으로는 남십자자리까지 이릅니다. 은하수가 천구를 거의 똑같이 나누고 있다는 사실은 곧 태양계가 은하면에서 그리 멀리 떨어져 있지 않다는 것을 뜻하죠.

은하수는 중심부가 있는 궁수자리 방향이 가장 밝게 보입니다. 태양에서 이 궁수자리 방향으로 약 2만 3천 광년 거리에 있는 우리은하의 중심부에 지름 24km, 태양 질량의 450만 배의 블랙홀이 있다는 것이 밝혀졌답니다. 또 이 블랙홀의 근처에 작은 블랙홀 한 개 더 존재하고, 이 둘이 쌍성처럼 서로를 공전하고 있는 것이 확인되었죠. 이는 과거에 우리은하가 다른 작은 은하를 흡수했음을 의미합니다.

실세로 2002년에 한국의 연세대 연구팀이 〈사이언스〉지에 발표한 논문을 통해, 우리은하가 약 10억 년에 다른 젊은 은하와 충돌, 합병하여 현재의 크기가 되었음을 입증했답니다.

우리은하 전체는 중심핵을 둘러싸고 회전하고 있습니다. 태양이 태양계 식구들을 이끌고 은하 중심을 도는 속도는 초속 200km나 되지만, 그래도 한 바퀴 도는 데 2억 5천만 년이나 걸리죠. 태양이 태어난 지 대략 50억 년이 됐으니까, 지금까지 미리내 은하를 20바퀴 돈 셈이

우리은하의 지름은 10만 광년이야. 지금 이 순간도 지구를 포함한 태양계는
초속 200km로 은하 중심을 돌고 있어. 한 바퀴 도는 데 2억 5천만 년이 걸린단다.

5천 광년

2만 광년

태양계

10만 광년

(옆에서 본 우리은하 상상도)

은하는 별들이 중력으로 묶인 '별들의 도시'야.

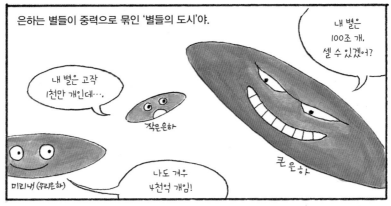

내 별은
100조 개,
셀 수 있겠어?

내 별은 고작
1천만 개인데…,

작은은하

나도 겨우
4천억 개임!

미리내 (우리은하)

큰은하

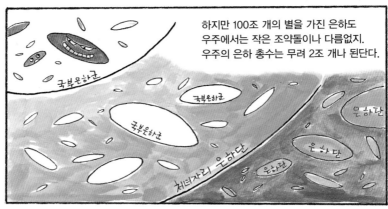

하지만 100조 개의 별을 가진 은하도
우주에서는 작은 조약돌이나 다름없지.
우주의 은하 총수는 무려 2조 개나 된단다.

국부은하군

국부은하군

국부은하군

처녀자리 은하단

은하간

은하단

은하군

네요. 앞으로 그만큼 더 돌면 태양도 종말을 맞을 겁니다. 물론 인류는 이보다 훨씬 더 이전에 지구상에서 사라져 존재하지 않겠지요.

최초의 은하는 빅뱅 직후 10억 년 이내에 나타났다

우리은하를 비롯해 우주를 떠다니고 있는 수천억 개의 은하들은 언제 어떻게 생겨난 것일까요? 약 138억 년 전 초밀도의 원시원자가 대폭발을 일으켜 거기서 나온 수소구름이 별을 탄생시킨 과정은 앞에서 살펴보았지요.

이런 별들이 수백억 또는 수천억 개가 중력으로 묶여 별들의 도시, 곧 은하라는 집단을 만들게 되었어요. 우주는 너무나 광활하고 크기 때문에 천문학자들은 사실 별이 아니라 이 은하를 우주의 기본단위로 보고 있답니다. 은하들이 우주 공간에 모습을 나타내기 시작한 것은 대략 빅뱅 직후 10억 년 안쪽이라고 해요.

은하들은 작은 것은 1천만 개도 안 되는 별들로 이루어져 있기도 하지만, 큰 것은 무려 100조 개 이상의 항성들을 가지고 있답니다. 이 항성들은 모두 은하의 질량 중심 주위를 공전하죠. 우리 태양도 지구를 비롯한 태양계 천체들을 거느리고 다른 별들과 마찬가지로 은하 주위를 공전하고 있답니다.

은하 안에는 수많은 항성계, 성단, 성운들이 있고, 이 사이의 공간은 가스, 먼지, 우주선(cosmic-ray)❶ 등으로 이루어진 성간물질들로 채워져 있습니다. 우리가 아직 정확히 그 본질을 이해하지 못하고 있어 암흑물질(dark matter)❷이라고 불리는 물질이 은하 질량의 약 90%를 차지하고 있다고 여겨지고 있어요. 또한 많은 은하들의 중심에 초대질량 블랙홀이 존재하는데, 우리은하 역시 그 중심에 매우 무거운 블랙홀을 품고 있답니다.

은하들은 크기나 구성, 구조 등이 다 제각각이랍니다. 은하는 형태에 따라 타원은하, 나선은하, 불규칙은하 등으로 나뉩니다. 하늘에서 밝은 은하 중 약 70%는 나선은하이며, 우리 미리내 은하도 막대나선은하입니다. 미리내 은하의 나이는 오래된 별들의 나이를 조사해본 결과 현재 우주의 예상 나이인 138억 년에 다가서는 것으로 나타났습니다.

나선은하는 대략 중심 근처에 많은 별들이 몰려 있어 불룩해 보이는 팽대부, 주위의 나선팔, 은하 둘레를 멀리 구형으로 감싸고 있는 별들과 구상성단, 성간물질 등으로 이루어진 헤일로, 그리고 은하 중심인 은하핵으로 이루어져 있죠. 또 이들 은하는 대개 그 중심에 초대질량 블랙홀이 있는 것으로 밝혀졌답니다.

❶ 우주를 떠도는 높은 에너지의 미립자와 방사선.
❷ 우주에 널리 존재할 것으로 추정되지만 아직 직접 관측하지는 못한 물질을 일컫는다. 우주의 26.8%는 암흑물질이다. 보통의 물질은 4.9% 정도이므로 우주에 존재하는 물질의 대부분은 암흑물질이라 할 수 있다. 이밖에 나머지 68.3%는 아직 정체를 모르는 에너지로, 암흑에너지라 한다.

온 우주의 은하 개수는 2천억 개

사람들이 모여서 사회를 이루고 살듯이 천체들도 대개 떼지어 모이는 습관이 있답니다. 은하들 역시 적게는 몇백 개에서 많게는 1만 개에 이르는 무리로 구성된 은하단에 속해 있어요.

우리은하도 조그만 은하 부락의 한 구성원인데, 그 안에는 안드로메다은하, 마젤란은하, 그리고 20여 개의 작은 은하들이 포함되어 있죠. 부락의 이름은 국부은하군이며, 크기는 지름 600만 광년이랍니다. 문제는 우리 은하군 역시 처녀자리 은하단을 향해 초속 600km 속도로 돌진하고 있다는 점이죠. 하지만 안심해도 됩니다. 이 속도로 달려가더라도 충돌은 100억 년 후의 일이니까요.

이 부락에서 가장 가까운 이웃 은하는 16만 광년 거리에 있는 대마젤란은하입니다. 우리은하의 1/20 크기인 이 은하는 초당 275km로 우리은하에 접근하고 있어 20억 년 후에는 우리은하와 충돌할 거라고 해요. 그뿐 아니에요. 국부은하군에서 가장 밝고 큰 은하인 안드로메다은하 역시 초속 107km로 우리은하를 향해 돌진 중이죠. 하지만 거리가 250만 광년이나 떨어져 있어 40억 년 후에야 우리은하와 충돌할 것으로 예상되니 크게 걱정하지 않아도 된답니다.

국부은하군은 주위의 여러 은하군과 함께 처녀자리 은하단에 속하고, 처녀자리 은하단은 또 처녀자리 초은하단에 속합니다. 초은하단이란 은하군과 은하단들을 아우르는 거대 천체집단을 가리킵니다. 우리은하로부터 5천만 광년 거리에 있는 처녀자리 초은하단은 여태껏 알려진 은하단들 중에서 구성원이 가장 많은 초대형 은하단으로, 1억 광년의 규모에 1천 개 이상의 밝은 은하들로 이루어져 있답니다. 그 위로는 또 지름이 5억 광년 규모로 10만 개의 은하를 포함하는 라니아케아 초은하단이 있죠.

라니아케아 초은하단은 2014년 9월, 하와이 대학의 연구자들이 최신 관측 결과를 통해 새롭게 발견한 것인데, 이 거대한 초은하단의 일부에 우리가 속해 있다고 합니다. 연구자들은 이 초은하단에 하와이어로 '무한한 하늘'을 의미하는 '라니아케아(Laniakea)'라는 이름을 붙였

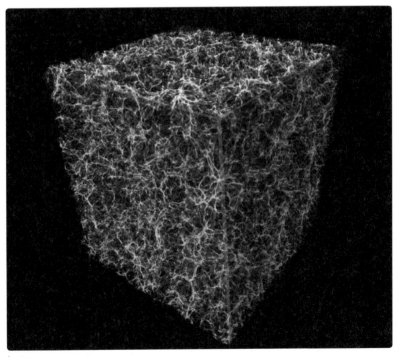

은하들이 거품처럼 모여 있는 우주의 거대구조. 거품들이 은하가 모인 곳이다. (출처/wiki)

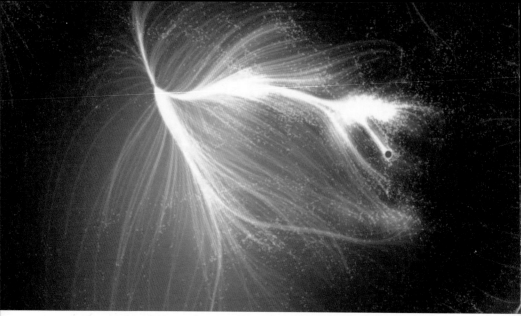

컴퓨터 시뮬레이션으로 보는 라니아케아 초은하단. 5억 광년 규모의 거대한 중력 골짜기에 우리은하를 포함, 10만 개의 은하들을 묶어두고 있다. 붉은 점이 우리은하의 위치. (출처/Nature Video)

어요. 라니아케아 안에는 '그레이트 어트랙터(Great Attractor)'라고 불리는 거대한 중력 골짜기를 향해 은하들이 흐르고 있답니다.

이처럼 초은하단과 같은 은하가 빽빽하게 모여 있는 부분이 있는 한편, 수억 광년에 걸쳐 은하가 거의 없는 영역도 있답니다. 이러한 빈 영역을 보이드(void)라 합니다. 우리말로는 공동(空洞)이라 하는데, '빈 터'라는 뜻이죠. 우주 전체에 은하가 어떻게 분포하고 있는지를 조사한 〈우주지도 제작〉 연구의 결과, 우주 속의 은하들은 거품이 가득 인 비눗물과 같은 형태로 늘어서 있음을 알게 되었답니다.

지금 우리는 우주의 은하 총수가 2천억 개나 된다는 사실을 얼마 전에 알았어요. 참으로 엄청난 숫자죠. 북두칠성의 됫박 안에만도 약 300개의 은하가 들어 있다고 해요. 20세기 초만 하더라도 우리은하가 전 우주인 줄 알았는데, 은하 속 개구리였던 인간의 사고 폭이 반세기 만에 2천억 배나 확대된 셈이죠.

어린 시절, '수금지화목토천해' 하면서 외웠던 태양계 행성들. 그 행성들 너머 아득한 태양계 끄트머리까지 햇빛이 달리는 데 걸리는 시간은 약 하루. 그런데 미리내 은하의 지름은 10만 광년이니, 그 속의 우리 지구는 한 알 모래입니다. 그런데 이처럼 광대한 은하가 우주 속에 또 2천억 개나 있다고 하니, 우리은하 역시 우주에 비하면 바닷가의 조약돌 하나에 지나지 않는 셈이죠.

은하 진화는 충돌의 역사

은하는 어떻게 진화할까요? 허블의 은하 분류표에 따르면, 불규칙 은하로 시작해서 나선은하의 각 형태를 밟아가다가 타원형 은하로 진화를 끝냅니다.

은하들의 진화에 가장 결정적인 역할을 하는 것은 은하 충돌입니다. 별들 사이의 충돌은 거의 일어나지 않는 반면, 은하들 사이의 충돌·상호작용은 꽤 자주 일어나는데, 이는 은하의 형성과 진화에 아주 중요한 영향을 미치죠.

전파망원경으로 심우주를 관측하면, 곳곳에서 은하의 조각들을 비롯해 은하들을 싸고 있는 가스체들의 거대한 테, 은하들 사이에 놓인 기묘한 연결고리들을 발견할 수 있어요. 이 같은 현상은 은하들이 중

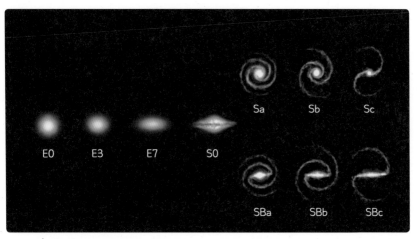

🛸 허블의 은하 분류. E는 타원은하, S는 나선은하, SB는 막대나선은하. (출처/wiki)

력작용으로 인해 서로 영향들을 미치고 있음을 말해주죠. 어떤 경우에는 직접 충돌이 진행되고 있는 은하의 모습을 볼 수도 있어요.

은하들이 직접 충돌하지만, 상대적인 운동량이 커서 하나로 합쳐지지 않는 경우도 있답니다. 이러한 은하들이 충돌할 때 별들끼리 부딪치는 경우는 거의 없죠. 별 사이의 거리에 비해 별의 크기가 너무 작기 때문이에요. 두 은하는 유령처럼 서로를 관통하는데, 형태만 일그러질 뿐 은하 자체는 파괴되지 않는답니다. 다만 은하의 가스와 먼지들은 서로 강한 상호작용을 일으킴으로써 때로는 성간물질이 압축되거나 불안정해져서 폭발적인 별 생성(star-burst)이 일어나기도 하죠.

은하들의 운동량이 작은 경우에는 상호작용 뒤에 하나로 합쳐지기도 하는데, 이를 은하 합병이라 부른답니다. 이 경우 은하들은 서서히

충돌하는 은하들. 현재 충돌 상태에서 병합 상태로 들어가기 전의 단계이다. 머리털자리에 있는 생쥐은하로, 현재는 두 은하가 떨어져 있다. (출처/NASA)

더 큰 하나의 새로운 은하로 합병되며, 그 과정에서 형태가 완전히 변하게 되죠. 만약 두 은하 중 하나가 다른 것보다 월등히 큰 경우, 작은 은하가 큰 은하에 완전히 흡수되므로 이를 은하의 흡수합병이라 하죠.

은하는 이렇게 충돌과 합병을 통해 스스로 덩치를 키워갑니다. 우리 은하도 예외는 아니어서 많은 왜소은하들을 잡아먹으면서 지금의 크기로 성장했답니다. 하지만 은하 충돌은 차량 충돌처럼 순식간에 일어나는 게 아니라 수억 년, 수십억 년에 걸쳐 서서히 진행됩니다. 100년도 못 사는 인간의 눈으로는 확인할 수 없는 기나긴 사건이죠. 하지만 깊은 우주를 들여다보면 각 단계별 사례들이 있어 퍼즐 조각 맞추듯 진행 과정을 그려볼 수는 있답니다.

우리은하와 안드로메다은하가 충돌한다!

천문학자들은 허블 우주망원경을 사용해 우주의 미래를 예측하곤 합니다. 안드로메다은하와 우리은하의 충돌에 관한 예측도 그러한 예의 하나죠. 그들은 컴퓨터 시뮬레이션을 통해 두 은하의 엄청난 충돌이 지구에서 어떻게 보일지 자세한 그림을 그립니다. 이에 따르면, 우리은하와 가장 가까운 250만 광년 거리의 이웃인 안드로메다은하는 앞으로 37억 5천만 년 후 우리은하와 대충돌을 합니다.

안드로메다은하는 우리은하보다 큽니다. 우리은하가 4천억 개의 별을 갖고 있는 데 비해 안드로메다은하는 무려 1조 개의 별을 갖고 있죠. 따라서 엄밀히 말하면 우리은하가 안드로메다에게 잡아먹히는 셈이에요. 우리은하 역시 언젠가 가까운 미래에 왜소은하 두 개를 잡아먹을 것으로 보이는데, 그 두 은하는 바로 대-소 마젤란은하랍니다.

지난 1세기 동안 천문학자들은 안드로메다가 우리은하와 점점 가까워지고 있다는 사실을 알아냈어요. 시간당 40만km로 접근하는데, 이는 지구와 달 사이에 해당하는 거리입니다. 그러나 우리은하를 스쳐 지나갈 것인지, 아니면 충돌할 것인지는 확인할 수 없었죠. 하지만 최근 천문학자들이 허블 망원경을 이용해 답을 얻어냈답니다.

"두 은하는 서서히 충돌할 것이며, 그후 붉은 별들을 거느린 거대한 타원은하로 진화할 것이다."

그런데 충돌이 완료되어 타원은하로 변신하는 데는 무려 20억 년이

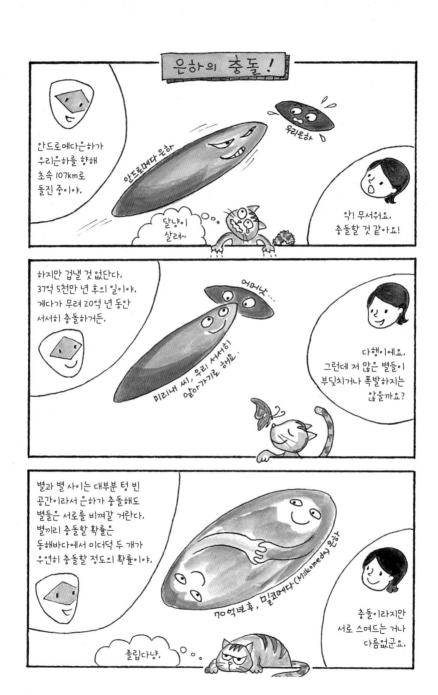

 안드로메다(왼쪽)와 우리은하가 충돌하는 모습. 허블 망원경의 데이터로 구성한 것이다. 합체 된 후 하나의 타원은하를 이루며, 이름은 이미 밀코메다로 지어져 있다. (출처/NASA)

더 걸린답니다. 70억 년 후에나 형태가 결정되어 새 출발을 할 수 있다 는 얘기죠.

하지만 다행히노 우리 태양계는 이런 거대한 충돌 뒤에도 여전히 존 재할 가능성이 높다고 하네요. 은하란 게 대부분 텅 빈 공간이라 우리 태양계가 충돌에 그다지 큰 영향을 받진 않을 거라는 겁니다. 은하 속 에 있는 별들 사이의 공간은 무척이나 넓어요. 그래서 두 은하가 서로 충돌하더라도 별들은 서로 비켜가게 되죠. 두 별이 충돌할 확률은 동 해에서 미더덕 두 마리가 우연히 충돌할 정도로 아주 낮은 거죠.

이 충돌이 일어날 때, 물론 그럴 리야 없겠지만, 만약 그때까지 지구에 사람들이 생존해 있다면 그들은 지구 하늘에서 벌어지는 엄청난 장관을 보게 되겠죠. 하지만 그것은 지극히 천천히 진행되는 동영상이라고 할 수 있어요. 은하의 시간 스케일이 워낙 커서 충돌은 아주 오랜 시간에 걸쳐 진행됩니다. 인간의 100년 수명은 그에 비하면 아주 찰나에 지나지 않죠.

수십억 년 후면 안드로메다은하는 지구 하늘을 가득 채울 겁니다. 우리은하에 바짝 접근할 것이기 때문이죠. 중력의 작용으로 인해 두 은하는 우주 공간에서 둥그렇게 돌면서 서서히 몸을 뒤섞어 타원은하로 거듭나고, 우리 태양계는 그 안에 자리 잡을 겁니다. 그러면 밤하늘에 보이던 지금의 은하수 모습은 완전히 사라지고, 사람들은 빛으로 된 타원형의 모습을 보게 되겠죠. 그리고 50억 년 전 우리은하에서 태어난 태양은 새 은하의 일부가 되어 그 생을 마감할 것입니다.

성미 급한 천문학자들은 합체된 은하의 이름까지 벌써 지어놓았답니다. 새 이름은 '밀코메다(Milkomeda)'라 합니다. 밀키웨이와 안드로메다의 합성어죠.

이런 은하 충돌이 지구 밤하늘에서 벌어질 때 참으로 큰 장관을 이룰 것으로 보입니다. 여러분들도 그때까지 건강 잘 챙겨서 지구 밤하늘에서 두 은하가 충돌하는 장관을 즐겨주시기 바랍니다.

별이 많을까?
지구상의 모래가 많을까?

우주에 관해 많이 듣는 논쟁 중에 이런 것이 있다. 지구의 모래와 우주의 별은 어떤 게 더 많을까? 놀랍게도 지표에 있는 모든 모래알의 수보다 우주의 별이 더 많다는 계산서가 나와 있다.

지구의 모래알보다 더 많다는 온 우주의 별을 다 계산한 사람은 호주국립대학의 사이먼 드라이버 박사와 그 동료들로, 우주에 있는 별의 총수는 7 X 10^{22}(700해)개라고 발표했다. 이 숫자는 7다음에 0이 22개 붙는 수로서, 7조 X 100억 개에 해당한다. 온 우주에 있는 은하의 수는 약 2,000억 개 정도로 알려져 있으니까, 평균으로 치면 한 은하당 약 3,500억 개의 별들을 가지고 있는 셈이다. 우리은하의 별은 약 4,000억 개니까 평균에 약간 웃도는 셈이다.

온 우주의 별 개수인 700해라는 숫자의 크기는 어떻게 해야 실감할 수 있을까? 어른이 양손으로 모래를 퍼 담으면 그 모래알 숫자가 약 800만 개 정도 된다. 이때 해변과 사막의 면적을 조사하면 그 대강의 모래알 수를 얻을 수 있는데, 계산에 의하면 지구상의 모래알 수는 대략 10^{22}(100해)개 정도로 나와 있다고 한다.
따라서 우주에 있는 모든 별들의 수는 지구의 모든 해변과 사막에 있는 모래 알갱이의 수인 10^{22}개보다 7배나 많다는 것이다. 기절초풍할 숫자임이 틀림없다. 이 우주에 그만한 숫자의 '태양'이 타오르고 있다는 말이다.

호주팀이 계산한 이 같은 엄청난 별의 숫자는 물론 별들을 하나하나 센 것이 아니라, 강력한 망원경을 사용해 하늘의 한 부분을 표본검사해서 내린 결론이다. 드라이버

허블 우주망원경이 대략 보름달 면적의 10분의 1에 불과한 좁은 하늘 영역을 촬영한 사진이다. '허블 울트라 딥 필드'라고 불리는 이 사진에는 다양한 나이, 크기, 모양, 색을 보이는 은하들 1만 개가 담겨 있다. 사진 내 붉고 작은 100여 개 은하들의 나이는 우주가 태어난 시각과 8억 년밖에 차이가 나지 않는다. (출처/NASA, ESA)

박사는, 우주에는 이보다 훨씬 더 많은 별이 있을 수 있지만, 현대의 망원경으로 볼 수 있는 범위 내 별의 총수라고 말한다. 그러면서 별의 실제 수는 거의 무한대일 수 있다고 덧붙였다. 우주 저편에서 출발한 빛은 아직 우리에게 도착하지 못했을 수도 있기 때문이다.

참고로, 사람이 100살까지 산다고 할 때 초로 환산하면 약 30억(3×10^8)초가 된다. 30억이란 숫자도 그처럼 엄청난 것이다.

블랙홀이
이렇게 괴상한 거래니…

우주는 우리가 상상하는 것보다 기이할 뿐만 아니라,
상상할 수 있는 것 이상으로 기이하다.
│조 에클스, 영국 과학자│

블랙홀이 태어난 곳이 인간의 머릿속이라고?

블랙홀은 우주에서 가장 기이하고도 환상적인 천체라 할 수 있죠. 물질밀도가 극히 높은 나머지 빛마저도 빠져나갈 수 없는 엄청난 중력을 가진 존재랍니다.

가까이 접근하는 어떤 물체든 가리지 않고 게걸스럽게 집어삼키는 중력의 감옥, 블랙홀. 나이나 직업을 가리지 않고 블랙홀이 모든 사람들에게 크나큰 관심을 불러일으키고 상상력을 자극하는 것은 대체 무엇 때문일까요?

이 괴상한 존재는 인간의 상상 속에서 최초로 태어났답니다. 1783년, 천문학에 관심이 많던 영국의 지질학자 존 미첼이 밤하늘의 별을 보면서 이런 엉뚱한 생각을 합니다. 뉴턴의 중력 법칙과 빛의 입자설❶을 결합하여, "별이 극도로 무거우면 중력이 너무나 강한 나머지 빛마저도 탈출할 수 없게 되어 빛나지 않는 검은 별이 될 것이다." 이것이 블랙홀 개념의 첫 씨앗이었죠. 미첼은 자신의 생각을 쓴 편지를 왕립협회로 보냈어요.

로켓이 지구의 중력을 이기고 우주로 솟아오르려면 초속 11km 이상으로 날아야 합니다. 이를 지구 탈출속도라 부르죠. 만약 엄청난 중력을 가진 천체가 있어 그 탈출속도가 30만km를 넘는다면 빛도 이 천체를 탈출하기는 불가능하겠죠. 미첼은 이런 천체를 상상한 거랍니다.

---

❶ 빛을 입자의 흐름이라고 주장하는 이론. 빛의 파동설은 빛이 파동의 일종이라는 설이다.

그러나 당시 과학자들은 이론적인 것일 뿐, 그런 별이 있지는 않을 거라 생각하고 그의 말을 무시했답니다. 이러한 '검은 별' 개념은 19세기 이전까지도 거의 무시되었는데, 그때까지 빛의 파동설이 우세했기 때문에 질량이 없는 파동인 빛이 중력의 영향을 받을 것이라고는 생각하기 힘들었기 때문이죠.

블랙홀 등장, 백조자리 X-1

그로부터 130년이 훌쩍 지난 1916년, 아인슈타인이 시간과 공간이 하나로 얽혀 있다는 것을 증명한 일반 상대성 이론을 발표한 직후, 검은 별 개념은 새로운 활력을 얻어 다시 등장했습니다. 일반 상대성 이론은 중력을 구부러진 시공간으로 간주하며, 질량을 가진 천체는 주변 시공간을 휘게 만든다는 이론입니다.

독일의 천문학자 카를 슈바르츠실트가 아인슈나인의 중력장 방정식을 별에 적용해서 방정식의 답을 구했습니다. 그 결과, 별이 일정한 반지름 이하로 압축되면 빛마저 탈출할 수 없는 강한 중력이 생기고, 그 중심에는 모든 물리법칙이 통하지 않는 특이점이 나타난다는 것을 알아냈답니다. 이것을 슈바르츠실트 반지름이라 부르죠. 이는 어떤 물체가 블랙홀이 되려면 얼마만한 반지름까지 압축되어야 하는가를 나타내는 반지름 한계치입니다.

그 뒤 핵물리학이 발전하여 충분한 질량을 지닌 천체가 자체 중력으

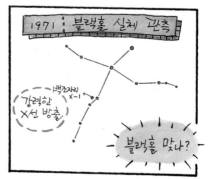

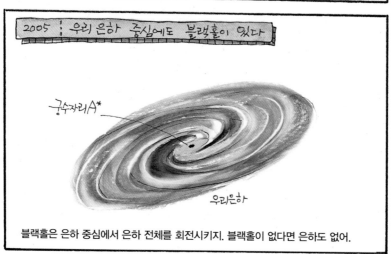

블랙홀은 은하 중심에서 은하 전체를 회전시키지. 블랙홀이 없다면 은하도 없어.

블랙홀로 보이는 백조자리 X-1으로 빨려들어가는 별의 물질 상상도. (출처/NASA)

로 붕괴한다면 블랙홀이 될 수 있다는 예측을 내놓았고, 이 예측은 결국 강력한 망원경을 사용한 천문학자들에 의해 관측으로 증명되었죠. 1963년 미국 팔로마산 천문대는 먼 우주에서 유독 밝게 빛나는 천체를 발견했는데, 그것이 검은 별의 에너지로 형성된 퀘이사❶임을 확인했답니다. 상상 속에서만 존재하던 검은 별이 2세기 만에 마침내 실마리를 드러낸 거죠.

사실 이전에는 '블랙홀'이란 이름조차 없었어요. 대신 '검은 별', '얼어붙은 별', '붕괴한 별' 등 이상한 이름으로 불려왔죠. '블랙홀'이란 용어를 최초로 쓴 사람은 미국의 이론물리학자 존 휠러로, 1967년에야 처음으로 일반에 소개되었어요. 블랙홀의 실체가 발견된 것이

---

❶ 블랙홀이 주변 물질을 집어삼키는 에너지에 의해 형성되는 거대 발광체로, 활동성 은하의 핵이다. 별과 같은 점광원으로 보여 '항성과 비슷하다'는 뜻에서 '준성(準星)'이라고도 한다.

1971년이니까, 그 존재가 예측된 지 거의 200년이 지나서야 이름을 얻고 실체가 발견된 셈이죠.

1971년 NASA의 X-선 관측위성 우후루는 블랙홀 후보로 백조자리 X-1을 발견했습니다. 강력한 X-선을 방출하는 이것이 과연 블랙홀인가를 놓고 이론이 분분했는데, 1990년 관측자료에서 결국 블랙홀로 밝혀졌죠. 2005년에는 우리은하 중심에서도 블랙홀이 발견되었는데, 전파원 궁수자리 A*(*은 '별'로 발음)이 태양 질량의 450만 배인 초대질량 블랙홀임이 밝혀졌어요. 이 초대질량 블랙홀은 두터운 먼지와 가스로 뒤덮여 있어 X-선 방출을 가로막고 있답니다.

블랙홀 존재, 어떻게 알 수 있나?

블랙홀은 엄청난 질량을 갖고 있지만 덩치는 아주 작아요. 그만큼 물질밀도가 극도로 높다는 뜻이죠. 그럼 태양이 블랙홀이 되려면 얼마나 밀도가 높아야 할까요?

슈바르츠실트 반지름의 공식으로 구해보면, 70만km인 반지름이 3km까지 축소되어야 하고, 밀도는 자그마치 $1cm^3$에 200억 톤의 질량이 됩니다. 각설탕 하나 크기가 200억 톤의 무게가 나간다는 얘기죠. 지구가 블랙홀이 되려면 반지름이 우리 손톱 정도인 0.9cm로 작아져야 하는 거예요. 정말 어마무시하죠?

이처럼 초고밀도의 블랙홀은 중력이 최강이라 어떤 것도 블랙홀

지구가 블랙홀이 되려면 얼마나 작아져야 할까?

반지름이 0.9cm,
10원짜리 동전만큼
작아져야 해.

톡!

10원짜리 동전

지구반지름
약 6400 km

예를 들면 그렇다는 것이지, 모든 별이 블랙홀이 되는 것은
아니란다. 태양보다 8~10배 이상 큰 별만이 초신성 폭발을 통해
블랙홀이 될 수 있어. 초고밀도의 블랙홀은 중력도
최강이라서 빛조차 빠져나올 수 없지.

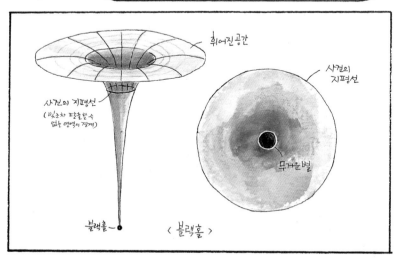

휘어진 공간

사건의
지평선

사건의 지평선
(빛조차 탈출할 수
없는 영역의 경계)

무거운 별

블랙홀

〈 블랙홀 〉

을 탈출할 수가 없답니다. 블랙홀의 중력이 너무나 강해 탈출속도가 30만km를 넘기 때문에 빛도 여기서 탈출할 수가 없는 거죠. 따라서 우리는 블랙홀을 볼 수가 없어요. 그런데 과학자들은 블랙홀의 존재를 확인할 수가 있답니다. 어떻게? 블랙홀이 주변의 가스와 먼지를 강력히 빨아들일 때 방출하는 X-선 복사로 그 존재를 탐색한답니다.

물질이 블랙홀로 빨려들어갈 때 블랙홀의 '사건지평선' 입구에서 안으로 들어가지 않고 스쳐 지나는 경우도 있죠. 블랙홀이 직접 보이지는 않지만, 물질이 빨려들어갈 때 발생하는 강력한 제트 분출은 아주 먼 거리에서도 볼 수 있답니다.

사건지평선이란 외부에서는 물질이나 빛이 자유롭게 안쪽으로 들어갈 수 있지만, 내부에서는 블랙홀의 중력에 대한 탈출속도가 빛의 속도보다 커서 원래의 곳으로 되돌아갈 수 없는 경계를 말해요. 말하자면 블랙홀 일방통행 구간의 시작점이라고 할 수 있겠지요. 어떤 물체가 사건지평선을 넘어갈 경우, 그 물체에게는 파멸적 영향이 가해지겠지만, 바깥 관찰자에게는 속도가 점점 느려져 그 경계에 영원히 닿지 않는 것처럼 보인답니다.

블랙홀, 화이트홀, 웜홀

존 휠러가 최초로 '블랙홀'이라는 단어를 대중에게 선보인 데 이어 러시아의 이론 천체물리학자 이고르 노비코프가 블랙홀의 반대 개념

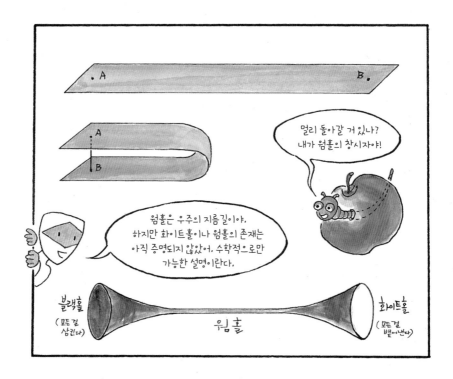

인 '화이트홀'이라는 용어를 만들었죠. 만약 블랙홀이 모든 것을 집어 삼킨다면 언젠가 우주 공간으로 토해낼 수 있는 구멍도 필요하지 않겠는가 하는 것이 이 화이트홀 가설의 근거랍니다. 말하자면, 블랙홀은 입구가 되고 화이트홀은 출구가 되는 셈이죠.

이렇게 블랙홀과 화이트홀을 연결하는 우주 시공간의 구멍을 웜홀(벌레구멍)이라 합니다. 말하자면 두 시공간을 잇는 좁은 통로로, 우주의 지름길이라 할 수 있죠. 웜홀을 지나 성간 여행이나 은하 간 여행을 할 때 훨씬 짧은 시간 안에 우주의 한쪽에서 다른 쪽으로 도달할 수 있다는 거예요. 웜홀은 벌레가 사과 표면의 한쪽에서 다른 쪽으로 이동할

제트를 내뿜는 블랙홀. 제트는 블랙홀이 주변 물질들을 빨아들이며 강력하게 내뿜는 가스를 말한다. 우리은하 중심에서도 거대질량 블랙홀이 발견되었다.
(출처/NASA's GSFC)

슈퍼카 타고 우주 한 바퀴

Chapter 5. 블랙홀이 이렇게 괴상한 거라니…

동반성을 잡아먹는 블랙홀. 트림 같은 제트를 내뿜는다. (출처/NASA)

때 이미 파먹은 구멍으로 가면 더 빨리 간다는 점에 착안해 지어진 이름이죠.

하지만 화이트홀의 존재는 증명되지 않았습니다. 블랙홀의 기조력❶ 때문에 진입하는 모든 물체가 파괴되기 때문에 웜홀을 통한 여행은 수학적으로만 가능할 뿐이죠. 스티븐 호킹도 웜홀 여행이라면 사양하고 싶다고 말한 적이 있답니다.

아인슈타인의 특수 상대성 이론에 따르면, 빠르게 운동하는 시계의 시간은 느리게 갑니다. 2014년에 나온 영화 〈인터스텔라〉는 블랙홀 근처에서 일어나는 이러한 현상을 보여주었죠. 우주비행사 쿠퍼가 시간여행을 할 수 있었던 것은 그 때문이에요.

❶ 천체 간의 거리와 행성의 크기 때문에 나타나는 중력의 공간적 차이가 원인이 되어 발생하는 힘.

블랙홀도 '과체중'은 싫어한다

블랙홀은 이렇게 주변의 물질을 닥치는 대로 집어삼켜 몸집을 불려 나갑니다. 지구와 당신이 만약 블랙홀 안으로 떨어진다면 역시 블랙홀의 비만에 일조하는 셈이죠. 하지만 블랙홀이라고 무한정 몸집을 불릴 수만은 없다는 사실이 얼마 전에 밝혀졌어요. 말하자면 한계체중이 있다는 뜻이죠.

천문학자들의 계산서를 보면, 태양 질량의 500억 배까지 불어난 블

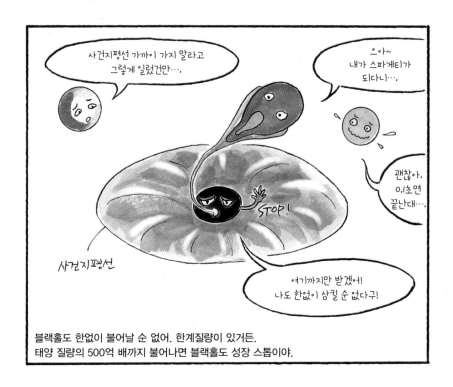

블랙홀도 한없이 불어날 순 없어. 한계질량이 있거든.
태양 질량의 500억 배까지 불어나면 블랙홀도 성장 스톱이야.

현재까지 발견된 퀘이사 중 가장 멀리 있는 ULAS J1120+0641의 상상도. 태양의 20억 배 질량의 블랙홀에게서 에너지를 얻어 빛난다. (출처/M. Kommesser)

락홀은 더 이상 외부 물질들을 끌어들이지 않고 성장을 멈추는 것으로 나와 있답니다. 블랙홀도 지나친 과체중은 싫어한다는 것이죠. 우리은하의 총질량은 태양 질량의 약 3천억 배로 추산됩니다. 따라서 블랙홀

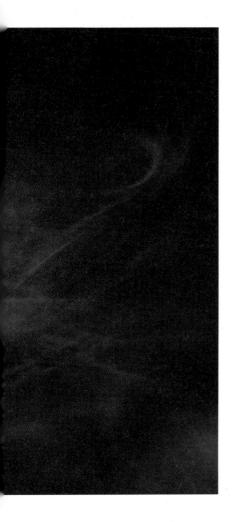

의 한계질량은 우리은하 총질량의 6분의 1쯤 되는 셈이죠.

블랙홀이 은하 중심에서 하는 역할은 은하 전체를 회전시키는 일입니다. 블랙홀이 없으면 은하가 형성될 수 없다는 점을 생각하면, 이 괴이하기 짝이 없는 블랙홀도 우리와 참으로 밀접한 관계를 맺고 있다고 할 수 있죠.

보이지 않는 블랙홀 사진 찍었다!

그 존재가 예견된 지 1세기가 넘도록 모습을 드러내지 않고 있던 우주의 괴물 블랙홀이 2018년 마침내 인류의 시야에 잡혔답니다.

블랙홀 촬영에 성공한 EHT 프로젝트는 약 20년 동안 200여 명이 넘는 다국적 과학자들이 참여한 연구 연합체로, 역사상 최초로 블랙홀 이미지 4개를 공개했습니다.

EHT는 'Event Horizon Telescope'의 약자로, 이 사건지평선 프로젝트는 블랙홀 사진을 찍기 위해 만들어진 국제 연구팀이죠. 연구팀

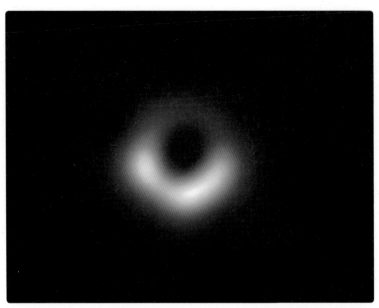

지구 크기의 전파간섭계를 구성해 잡아낸 초대질량 블랙홀 M87의 모습. 중심의 검은 부분은 블랙홀 그림자, 고리의 빛나는 부분은 블랙홀의 중력에 의해 휘어진 빛이다. (출처/EHT Collaboration)

에는 우리나라 과학자들도 참여했는데, 한국 천문연구원 소속 연구자 8명이 협력 구성원으로 EHT 프로젝트에 참여했답니다.

이 최초의 블랙홀 이미지는 한 타원은하 중심에 숨어 있는 블랙홀의 윤곽을 잡아낸 것입니다. 인간의 눈에 최초로 잡힌 이 블랙홀은 지구에서 5,500만 광년 거리에 있는 M87 타원은하의 초대질량 블랙홀로, 태양 질량의 65억 배, 지름은 160억km에 달하는 어마무시한 거죠.

이 프로젝트는 그동안 두 개의 블랙홀, 즉 태양 질량의 약 65억 배인 M87 거대 블랙홀과 궁수자리 A*로 알려진 우리은하의 중심 블랙홀을 면밀히 조사했습니다. 우리은하 블랙홀 역시 거대질량이지만 M87의 블랙홀과 비교하면 꼬맹이에 불과한 430만 배 태양 질량에 지나지 않는답니다(참고로 태양 질량은 지구의 33만 배랍니다).

궁수자리 A*은 우리로부터 약 26,000광년, M87은 5,350만 광년 떨어져 있어요. 엄청난 거리죠. 궁수자리 A*의 사건지평선은 너무나 작아 우리가 보기에는 달 표면에 놓인 오렌지를 보는 거나 비슷하답니다. 그러니까 지구상에 있는 어떤 망원경으로도 관측이 불가능하다는 얘기죠.

그래서 과학자들이 생각해낸 것이 지구 크기의 망원경이랍니다. 대체 어떻게 그런 망원경을 만들 수 있을까요? 방법이 있답니다. 세계 곳곳의 전파망원경을 하나로 연결시켜 지구 규모의 전파간섭계를 만드는 거예요. 신기하죠?

EHT 연구진은 미국 애리조나, 스페인, 멕시코, 남극 대륙 등 세계 곳곳의 8개 전파망원경을 연결, 지구 규모의 가상 망원경을 구성해 M87을 관측한 결과, 마침내 블랙홀 이미지를 잡아내는 데 성공했답니다. 빛마저도 탈출할 수 없는 블랙홀은 우리가 눈으로 볼 수도 없고 내부를 촬영하는 것도 불가능하지만, EHT는 블랙홀의 어두운 실루엣을 추적하여 사건지평선을 이미지화하는 데 성공한 것입니다.

1968년 12월 아폴로 8호 우주비행사 빌 앤더스가 찍은 유명한 사진 '지구돋이'가 인류에게 우주 속에 떠 있는 연약한 지구의 모습을 보여줌으로써 환경운동에 박차를 가한 것처럼, 블랙홀의 이미지는 우주에서 우리 자신과 우리의 위치에 대해 생각하는 방식을 바꾸게 할 것입니다.

미국 우주비행사 빌 앤더스가 찍은 유명한 사진 '지구돋이'. (출처/NASA)

만약 내가 블랙홀 안으로
떨어진다면?

블랙홀에 관해서 사람들이 가장 궁금하게 여기는 것은, 만약 내가 블랙홀 안으로 떨어진다면 어떻게 될까 하는 문제다. 무시무시한 상상이긴 하지만, 이 문제는 변함없이 사람들의 가장 큰 관심사다.

가장 널리 알려진 이론이 바로 '스파게티화'이다. 블랙홀 가까이 접근하자마자 모든 사물은 가락국수처럼 길게 늘어져버린다는 얘기다. 이유는 이렇다. 블랙홀의 끔찍한 중력이 당신 몸의 각 부분에 작용하면서 그 힘의 차이로 인해 몸이 길게 잡아 늘여지기 때문이다.

지구에서는 중력의 크기가 당신의 지금 키만큼 유지되게 해주고 있는 정도지만, 블랙홀 안으로 떨어지면 사정은 좀 달라진다. 먼저 당신의 발이 블랙홀로 접근한다고 상상해보자. 그러면 몸의 각 부분에 가해지는 블랙홀의 엄청난 중력 차이, 곧 조석력이 머리보다는 발 쪽에 더 강하게 작용한다.

발끝과 머리에 가해지는 중력의 차이는 이윽고 지구의 총중력과 동일하게 된다. 이 상황에서는 마치 두 대의 크레인이 당신의 머리와 발을 잡고 힘껏 끌어당기는 꼴이나 비슷하다.

우리 몸은 정상적인 힘을 받을 때 부러지지 않는 한 그렇게 많이 늘어나지 않는다. 인간이 생존할 수 있는 최고 가속 기록은 지구 중력의 약 179배다. 그것도 아주 잠시, 충돌 때의 수치일 뿐이다. 따라서 블랙홀의 조석력은 인간에게 치명적이다.

블랙홀 안으로 떨어진 모든 물체는 블랙홀 중심에 이르기 전에 가락국수처럼 한없이 늘어지다가 마침내는 낱낱의 원자 단위로 분해되고 만다. 이것이 바로 과학자들

⌐⊂ 우리은하 중심에 있는 블랙홀의 상상도.
(출처/wiki)

⌐⊂ 블랙홀에 빠진다면 그림처럼 모든 것이
길게 늘어지는 스파게티화 현상을 겪게
된다. (출처/wiki)

이 말하는 블랙홀의 '스파게티화'라고 불리는 현상이다.

만약 블랙홀이 지구 턱밑에 불쑥 나타나 지구가 고스란히 블랙홀에 붙잡혀서 그 안
으로 곤두박질친다면 그 다음에는 무슨 일이 벌어질까?
당연한 일이지만, 우리 몸이나 지구가 블랙홀 안으로 떨어진 때는 별로 차별대우를
받지 않는다. 즉시 블랙홀의 강력한 조석력이 덤벼들어 공평한 스파게티 대접을 받
게 된다. 블랙홀 쪽에 가까운 지구 부분은 상대적으로 더욱 강한 조석력을 받아 흙과
암석 스파게티가 될 것이고, 지구 행성 전체는 종말을 맞을 것이다.

하지만 지구와 인간이 블랙홀 안에서 낱낱이 분해되기까지 걸리는 시간이 겨우
0.1초밖에 안 된다는 사실이 조금은 위안이 될 수 있을지도 모르겠다.

Chapter 6

외계인들은 대체 어디 있는 거야?

가끔 나는 우주에 우리만 있는 게 아닐까 생각하다가도, 그 반대가 아닐까 싶은 때도 있다. 어느 경우든 그것은 내게 충격을 준다.

| 아서 클라크 영국 SF작가 |

태양계에서 생명체가 있을 만한 곳

외계인이 과연 있을까요? 현시점에서 말한다면 지구 밖 외계에서 발견된 생명체는 아직까지 1도 없다는 게 사실이죠.

생명체가 있을 가능성이 높은 목성의 위성 유로파의 지하 바다에서 거대한 물기둥이 치솟는 장면 상상도. (출처/NASA)

1957년 구소련의 인공위성 스푸트니크 1호가 최초로 우주로 진출한 이래 반세기를 훌쩍 넘은 인류의 우주 개척사에서 가장 윗자리에 차지한 미션은 외계 생명체 탐색이었답니다. 이는 우리 인류의 근원과 얽혀 있는 문제이기 때문이죠. 그동안 우리는 태양계 7개 행성을 비롯해 혜성, 소행성 등으로 수많은 우주선을 띄워 보냈지만, 지금껏 지구 외 우주 어느 곳에서든 아메바 한 마리도 발견하지 못했어요. 과연 생명은 지구에만 있는 '현상'일까요?

하지만 태양계만 해도 생명체가 서식할 수 있는 후보 지역들은 몇몇 알려져 있죠. 물론 여러 대의 탐사 로버들이 활약하고 있는 화성이 가장 유력한 후보이기는 하지만, 지하 바다를 갖고 있는 목성의 위성 유로파, 토성의 엔셀라두스, 타이탄 등도 우주 생물학자들이 가장 가고 싶어 하는 곳들이에요. 특히 목성의 달 유로파의 지하 바다는 태양계 안에서 지구 다음으로 생명이 서식하고 있을 가능성이 가장 높은 곳으로 알려져 있답니다.

외계 생명체가 가장 존재할 가능성이 높은 곳으로는 일찍부터 화성이 지목되었죠. 지구처럼 암석 행성인데다가 사계절도 있는 등 지구와 가장 닮은 행성이기 때문이에요.

바로 얼마 전 NASA에서 화성에 착륙시킨 퍼서비어런스 탐사 로버의 가장 중요한 임무도 화성 생명체의 흔적을 찾는 거랍니다. 그래서 고대에 호수가 있었던 화성의 예제로 크레이터에 착륙해 지상은 물론 지하까지 뒤져볼 예정인데, 오랜 화성 탐사의 목적이었던 화성 생명체의 존재 여부는 이번 탐사로 결론을 얻을 것으로 보고 있답니다. 만약 생명체의 흔적이 발견된다면 역사상 최대의 발견이 되겠지요.

외계 문명, 과연 있을까?

인류가 외계 생명체에 대해 구체적으로 관심을 기울이기 시작한 것은 20세기 후반 들어 미국의 아폴로 시리즈 등으로 본격적인 우주 진출에 나선 직후부터였죠.

외계 문명에 대한 언급으로는 이탈리아의 물리학자인 엔리코 페르미가 제안한 '페르미 역설'이 유명하죠. 우주의 나이와 크기에 비추어 볼 때 외계인들이 존재할 것이라는 가정하에 방정식을 만든 결과, 그는 무려 100만 개의 문명이 우주에 존재해야 한다는 계산서를 내놓았어요. "그런데 수많은 외계 문명이 존재한다면 어째서 인류 앞에 외계인이 나타나지 않았는가?"라는 질문을 던졌는데, 이를 '페르미 역설'이라고 합니다. 이 역설은 아직까지 풀리지 않고 있죠.

페르미의 역설과 밀접한 관계가 있는 방정식이 또 하나 있지요. 1960년대 미국의 천문학자 프랭크 드레이크가 만든 '드레이크 방정식'이죠. 우주의 크기와 별들의 수에 매혹된 드레이크는 우리은하에 존재하는 별 중 행성을 가지고 있는 별의 수를 어림잡고, 거기서 생명체를 가지고 있는 행성의 비율을 추산한 다음, 다시 생명이 고등생명으로 진화할 수 있는 환경을 가진 행성의 수로 환산하는 식을 만들었죠. 그 결과, 우리와 교신할 수 있는 외계의 지성체 수를 계산하는 다음과 같은 방정식이 만들어졌어요.

$$N = R^* \times fp \times ne \times fl \times fi \times fc \times L$$

N : 우리은하 속에서 탐지 가능한 고도 문명의 수

R^* : 지적 생명이 발달하는 데 적합한 환경을 가진 항성이 태어날 비율

fp : 그 항성이 행성계를 가질 비율

ne : 그 행성계가 생명에 적합한 환경의 행성을 가질 비율

$$N = R^* \cdot fp \cdot ne \cdot fl \cdot fi \cdot fc \cdot L$$

fl : 그 행성에서 생명이 발생할 확률

fi : 그 생명이 지성의 단계로까지 진화할 확률

fc : 그 지적 생명체가 다른 천체와 교신할 수 있는 기술 문명을 발달시킬 확률

L : 그러한 문명이 탐사 가능한 상태로 존재하는 시간

이 식에 기초해 드레이크 자신이 예측하는 우리은하 내 문명의 수는 약 1만 개에서 수백만 개에 이른답니다.

드레이크는 이에 그치지 않고, 전파망원경을 이용해 외계로부터의

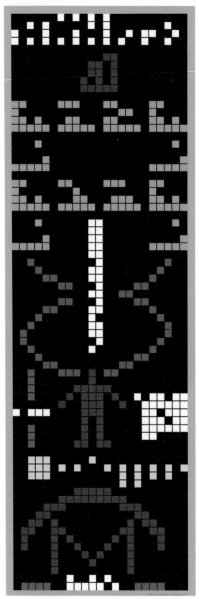

1974년 11월 외계 문명과 접촉하기 위해 우주로 발사된 아레시보 메시지. 내용은 다음과 같다. 밑에서부터 망원경, 태양계, 인류에 대한 정보, DNA의 분자, 세포핵, 중요 화학원소, 수의 표현. (출처/Arne Nordmann)

신호를 찾기 위해 가까이 있는 두 별의 주변에서 오는 신호를 찾는 시도를 했어요. 이것이 공식적인 외계 지적 생명체 탐사, 곧 세티(SETI)❶의 출발점이 되었죠.

1974년 11월에는 외계 문명과 접촉하기 위해 아레시보 천문대를 통해 메시지를 쏘아 보냈습니다. 아레시보 메시지는 헤르쿨레스 대성단을 목표로 발신되었는데, 서기 27,000년경 도착할 예정이랍니다.

제2의 지구를 찾아서

요즘 뉴스를 보면 제2의 지구니, 슈퍼 지구니 하는 말을 자주 접하게 됩니다. 몇 년 전만 해도 이런 말을 듣기가 쉽지 않았죠. 그러니까 이들은 새로운 용어인 셈이에요. 그것도 인류의 미래와 직결된 엄청 중요한 용어로 자리매김되었죠.

제2의 지구란 낱말 속에는 인류의 위기의식이 스며 있답니다. 지금 이 순간에도 인류의 생존을 위협하는 일들이 지구상에서 심각하게 벌어지고 있잖아요. 얼마 전 '지구종말 시계' 표시 시간이 '5분 전'에서 '3분 전'으로 앞당겨졌다고 언론들이 앞다투어 보도한 것만 봐도 그렇죠. 이 시곗바늘을 당기고 있는 것들은 핵무기, 지구온난화 등으로, 인류가 개발해낸 기술 문명이 인류의 멸망을 재촉하고 있음을 보여주고 있습니다. 한 미래학자는 만약 지구가 종말을 맞는다면 그 원인은 인간의 어리석음 때문일 거라고 경고했답니다.

시시각각으로 지구 행성을 위협하고 있는 이 같은 위기상황은 과학자들로 하여금 제2의 지구를 찾아나서게끔 떠밀고 있는데, 〈시간의 역사〉를 쓴 영국 물리학자인 스티븐 호킹은 인류가 앞으로 천 년 내에 지구를 떠나지 못하면 멸망할 수 있다고 경고하면서 "점점 망가져가는 지구를 떠나지 않고서는 인류에게 새천년은 없으며, 인류의 미래는 우주 탐사에 달렸다"고 강조하기도 했죠.

이 같은 위기 속에서 인류가 찾아나선 '제2의 지구(Earth 2.0)'란, 말하자면 사람이 살 수 있는 지구 같은 외계 행성을 뜻한답니다. 그 필요조건을 정리해보면 다음과 같습니다.

1. 목성처럼 가스형 행성이 아니고 암석형 행성이어야 한다.

❶ 먼 우주에서 오는 전파 신호를 추적, 외계의 지적 생명체를 찾기 위한 프로젝트. 1960년 드레이크가 SETI(Search for Extra-Terrestrial Intelligence) 프로그램을 시작한 이래 60여 개의 SETI 프로젝트가 진행되었다.

2. 지구처럼 모항성에서 적당한 거리에 있어 물이 액체 상태로 존재할 수 있어야 한다.

3. 행성의 크기와 질량이 지구와 비슷해, 대기를 잡아두고 생명체가 살기에 적당한 중력을 유지할 수 있어야 한다.

두 번째 조건은 이른바 골디락스 존(Goldilocks zone)이라 불리는 '서식 가능 영역(habitable zone)'을 말합니다. 골디락스 존이란 영국 전래 동화 〈골디락스와 세 마리 곰〉에서 따온 것으로, 숲속에서 길을 잃고 헤매던 주인공 소녀 골디락스가 빈집에서 너무 뜨겁지도 차갑지도 않은 따뜻한 죽을 맛있게 먹었다는 데서 비롯된 말이랍니다. 태양계의 경우, 골디락스 존은 지구-금성 궤도 중간에서 화성 궤도 너머까지 걸쳐 있죠.

천문학자들이 케플러 망원경, 테스(TESS) 망원경 등으로 이제껏 찾아낸 외계 행성 후보의 수는 4,700개가 넘지만 '슈퍼 지구'의 수는 극히 적을 것으로 보고 있습니다. 슈퍼 지구는 지구처럼 암석으로 이루어져 있지만, 지구보다 질량이 2~10배 크면서 대기와 물이 존재해 생명체 존재 가능성이 큰 행성을 말해요. 지금까지 슈퍼 지구는 여러 개발견되었지만, 우리 태양계에는 슈퍼 지구의 모델이 될 사례가 없답니다.

이처럼 인류는 행성계의 골디락스 영역에 있을 제2의 지구 또는 슈퍼 지구를 찾기 위해 우주로 열심히 더듬이를 뻗고 있는 중입니다. 제

2의 지구를 찾는 작업에서도 지구 행성의 대표선수는 단연 미국이죠. 현재 NASA는 제2의 지구를 찾는 TESS 우주망원경과 합작할 사상 최대의 제임스 웹 우주망원경을 2021년 12월 25일 발사했습니다.

이 둘이 과연 생명체가 살고 있는 행성을 발견할 수 있을까요? 고등 문명을 가진 외계인이 과연 어딘가에 살고 있을까요? 또 우리 인류가 이주해서 살 수 있는 행성이 과연 있을까요? 이러한 물음들이 현재 천문학이 가지고 있는 최대 과제죠. 과학자들은 머지않아 우리가 그 답을 알게 될 것으로 내다보고 있답니다.

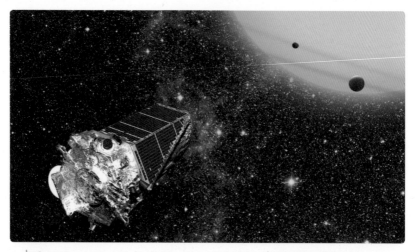

꧂ 9년 동안 2,600여 개의 외계 행성을 발견한 지구형 행성 탐사용 케플러 망원경. (출처/NASA)

꧂ 허블 우주망원경보다 100배나 강력한 제임스 웹 우주망원경. 지구에서 150만km 떨어진 거리에서 우주를 관측한다. (출처/ESA)

하지만 정작 제2의 지구를 발견했다 하더라도 거기까지 갈 수 있느냐 하는 것은 또 다른 문제랍니다. 현재 인류가 얻은 최고 속력은 초속 20km에요. 명왕성 탐사선 뉴호라이즌스가 여러 차례 중력도움을 받은 끝에 얻은 이 속도는 무려 총알 속도의 20배가 넘지만, 이 속도로도 가장 가까운 별인 4.2광년 거리의 프록시마 센타우리에 가는 데만도 6만 년이 걸린답니다.

이처럼 인류는 이 우주 공간에서 '거리'라는 장벽으로 완벽히 격리 되어 있어 과연 이를 벗어날 수가 있을까에 대해 많은 과학자들이 회 의적으로 보고 있습니다. 지금부터라도 지구가 더 이상 파괴되지 않도 록 잘 보존하는 것이 인류에게 보다 현실적인 방안이라는 주장이 여전 히 큰 힘을 얻고 있는 것은 바로 그 때문이죠. 무엇보다 분명한 것은 인 류에게 이 지구 행성보다 아름다운 행성은 우주 어디에도 존재하지 않 을 거라는 사실입니다.

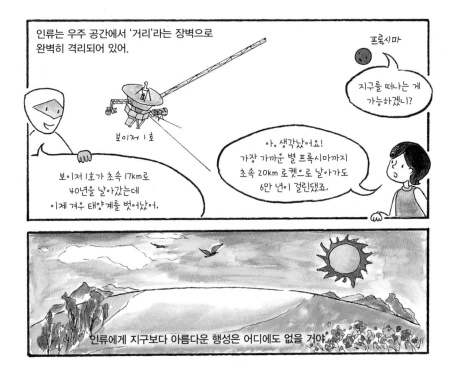

그 많던 공룡들은
왜 다 죽었을까?

중생대의 쥐라기와 백악기에 걸쳐 2억 년 넘게 전 세계에서 크게 번성했던 공룡들은 왜 하나도 남김없이 다 죽었을까?

크기 30cm의 귀여운 공룡부터 무려 40m에 이르기는 대형 공룡에 이르기까지, 한때 1,000종이 넘는 공룡들이 지구 곳곳에서 살았다. 심지어 남극에도 공룡이 살았을 정도다. 우리나라에도 남해안과 서해안 곳곳에 공룡알 화석과 공룡 발자국이 남아 있다. 경남 고성, 남해, 전남 해남, 여수 일대에서 다양한 공룡 발자국 화석이 발견되었는데, 그 가치는 세계적이다.

파충류에 속하는 공룡들은 그 생김새, 크기, 먹성, 행동 등이 아주 다양했다. 초식 공룡과 육식 공룡이 있었고, 2족 보행을 하거나 4족 보행을 하는 공룡도 있었다. 그런데 그 많던 공룡들이 한순간에 비로 쓸어낸 듯이 사라지고 말았다. 그 이유는 오랫동안 확실히 밝혀지지 않았지만, 최근의 연구에서 소행성 충돌로 공룡이 멸종되었다는 이론이 정설로 자리를 잡았다.

약 6,600만 년 전인 중생대 백악기의 어느 날, 지금의 멕시코 유카탄반도의 칙술루브에 지름 10km의 소행성이 떨어졌다. 10km라면 국제 여객선이 날아다니는 고도다. 이렇게 큰 소행성이 지구와 '꽈당' 충돌했으니 어땠겠는가? 지름 180km에 이르는 커다란 구덩이가 파지고, 소행성과 땅의 성분이 뒤섞여 높이 솟구쳤다. 그뿐 아니라 바다에는 엄청난 해일이 일어나고 육지의 화산들도 대폭발을 했다. 성층권까지 올라간 엄청난 양의 먼지와 연기가 햇빛을 가로막아 지구의 온도가 크게 떨어지고, 그 결과 공룡을 포함한 당시 생물종의 약 75%가 멸종하기에 이르렀다. 이것이 백악기 제3기 대멸종이다.

공룡의 입장에서 본다면 소행성이 떨어진 백악기의 그날이 정말로 억세게 재수 없던 날이라고 볼 수

6,600만 년 전 멕시코 유카탄반도의 칙술루브에 떨어진 지름 10km짜리 소행성은 지구의 공룡들을 멸종시켰다. (출처/Serpeblu)

있다. 이처럼 지구와 그 위에 사는 생명체는 참으로 나약한 존재다. 어느 순간 우주에서 날아온 소행성 하나가 충돌한다면 곧바로 종말을 맞을 수도 있다. 지금도 혹 어디서 그런 소행성이 날아오고 있나, 각국 우주 기구들이 열심히 하늘을 감시하고 있다.

소행성 충돌 상상도. (출처/wiki)

만약 내가 운석을 발견한다면?
- 운석 발견시 매뉴얼

2014년 12월 남극에 있는 장보고 과학기지 남쪽 300km 청빙지역에서 우리 연구팀이 대형 운석을 발견하는 행운을 잡았다. 그동안 찾아낸 남극 운석 중 가장 큰 운석으로, 가로 21cm, 세로 21cm, 높이 18cm, 무게 11kg이나 나간다.

남극 운석은 우주 공간을 떠돌던 암석이 지구 중력에 이끌려 떨어진 것으로, 태양계 탄생 초기의 역사를 고스란히 담고 있는 화석이라 할 수 있다. 원래 남극은 지구상에서 운석이 가장 많이 발견되는 지역이다. 흰 눈벌 위에 시커먼 돌덩어리가 눈에 띈다면 운석일 가능성이 높다. 극지연구소가 2006년부터 지금까지 여덟 차례 남극 운석 탐사를 벌여 42개의 운석을 확보하여, 우리나라는 모두 282개의 남극 운석을 보유하고 있다.

2013년에는 진주에 운석이 여러 개 떨어져 너도나도 운석을 찾으러 나서는 통에 온 나라에 운석 바람이 불기도 했다. 왜 사람들이 운석을 찾으러 그렇게 법석을 떠는 것일까? 운석이 무게로 따져 금값의 10배가 되는 것도 있다니, 그럴 만도 하다.

남극에 있는 장보고 과학기지 남쪽 300 km 청빙지역에서 우리 연구팀이 발견한 대형 운석. (출처/장보고 과학기지)

그런데 이런 운석이 매일 평균 100톤, 1년에 4만 톤씩 지구에 떨어지고 있다. 먼지처럼 작은 입자의 우주 물질은 1초당 수만 개씩, 지름 1mm 크기는 평균 30초당 1개씩, 지름 1m 크기는 1년에 한 개 정도씩 지구로 떨어진다. 오염되지 않은 희귀 운석은 우주의 로또가 되기도 한다. 화성에서 온 운석이나 지구 물질에 오염되지 않은 운석 등은 1g당 1,000만 원 정도 한다.

만약 여러분 집 뒷마당에 운석이 떨어졌다면? 이에 대처하는 매뉴얼을 소개한다. 첫째, 먼저 주방으로 달려가 비닐장갑을 찾아 끼고 랩 뭉치를 챙긴다. 둘째, 떨어진 운석을 폰으로 촬영한다. 셋째, 운석을 랩으로 챙챙 감아 밀봉한다. 넷째, 수거한 운석을 반드시 냉동고에 집어넣는다. 지구 물질에 감염되지 않게 하기 위한 조치다. 그리고 마지막으로 SNS에다 운석 발견 소식을 올린다. 끝~.

Chapter 7

우주는
끝이 있을까?

우리가 경험할 수 있는 가장 아름다운 감정은 신비감이다.
더 이상 신비감을 느끼지 못한 삶은 죽어버린 삶이다.

| 아인슈타인 미국 물리학자 |

우주는 끝이 있다? 없다?

우주에 관해 가장 궁금한 것 중의 하나는, 과연 우주는 끝이 있을까 하는 문제일 겁니다. 지금 이 순간에도 쉬지 않고 빛의 속도로 팽창하고 있는 이 우주의 끝은 과연 어디일까요? 우주의 끝이라고 할 만한 게 있기는 한 것일까요?

우리의 경험에 비추어보면, 모든 것은 집에서 학교까지 가는 길처럼 시작과 끝이 있죠. 그런데 이것을 우주에 적용하면 '에러'가 뜹니다. 끝이 있다는 것은 그 바깥으로 다른 무언가가 또 있다는 뜻이거든요.

우주에 끝이 없다면 크기가 무한대라는 뜻인데, 일찍이 아리스토텔레스는 무한대는 상상의 산물일 뿐 실재하지는 않는다는 것을 삼단논법으로 멋들어지게 증명한 바 있죠.

"무한대라 하더라도 유한한 것들의 집합일 수밖에 없다. 유한한 것들은 아무리 합쳐봐야 그 결과는 유한하다. 그러므로 무한대란 존재하지 않는다."

그러니까 우주에 대해선 끝이 있다는 것도 모순이요, 없다는 것도 모순이라는 논리가 됩니다.

이처럼 우주의 끝을 찾는 문제는 언뜻 단순한 듯하면서도 실상은 오묘하기 그지없는 문제입니다. 그것은 우주의 구조와 맞물려 있는 문제이기도 하고요. 우리가 볼 수 있고 관측할 수 있는 우주에 국한해 생각한다면 우주의 끝은 분명 있죠. 하지만 138억 년 전에 우주가 태어났으니까, 우리는 빛이 138억 년을 달리는 거리까지만 볼 수 있을 뿐입니다. 그것을 우주지평선이라고 하죠.

우리는 우주지평선 너머에 있는 사건들을 볼 수가 없답니다. 우주지평선 너머에는 과연 무엇이 있을까요? 우주는 균일하니까 천문학자들은 그곳의 풍경도 이쪽의 풍경과 별반 다르지 않을 거라고 생각합니다. 하지만 아무도 확신할 수는 없죠. 우리는 영원히 그 너머의 풍경을 엿볼 수 없을 테니까요.

'안과 밖'이 따로 없는 우주의 구조

우주의 끝 문제에 대해 최초로 과학적인 가설을 내놓은 사람은 아인슈타인입니다. 그가 생각한 우주의 형태는 '유한하나 경계가 없는 우주'랍니다. 즉, 우주는 일정한 크기가 있긴 하지만 안팎의 경계가 없는 구조라는 뜻이죠. 그러니까 우주는 끝이라고 할 만한 경계가 존재하지 않는다는 얘기입니다.

뭐? 그런 게 어디 있어? 안이 있으면 바깥도 있는 거지.

사람들은 보통 상식적으로 그렇게들 생각하지만, 안 그런 사물들도 있어요. '뫼비우스의 띠'만 해도 그렇죠. 이 띠 만들기 쉬우니까 여러분도 한번 만들어보세요. 한 줄의 긴 띠를 한 바퀴 틀어 서로 이어붙이면 그 띠에는 안과 밖이 따로 없게 됩니다. 부분적으로는 안팎이 있지만, 전체적으로는 서로 연결된 구조인 것이죠. 만약 개미가 그 띠 위를 계속 기어가면 자신이 출발한 곳의 반대면으로 오게 된답니다.

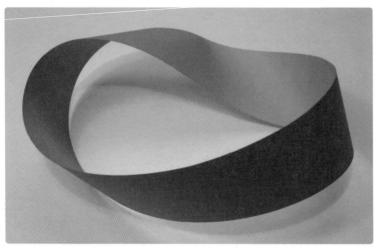

뫼비우스의 띠. 종이 끝을 테이프로 이었다. 개미가 띠 위를 계속 기어가면 자신이 출발한 곳의 반대면으로 오게 된다. (출처//wiki)

또 2차원 구면의 지구를 생각해봐도 그렇죠. 개미가 이 구면 위를 아무리 기어가더라도 끝에 도달할 수는 없잖아요. 그러니 안과 밖이 반드시 따로 있다는 것은 우리의 고정관념일 뿐이죠. 3차원의 우주는 이런 식으로 공간이 휘어져 있다는 얘기입니다.

따라서 우주에는 중심과 가장자리란 게 따로 없다는 겁니다. 그렇다면 내가 있는 이 공간이 우주의 중심이라 해도 틀린 얘기가 아니죠. 즉, 우주의 모든 지점은 중심이기도 하고 가장자리이기도 하다는 뜻입니다.

아인슈타인이 무한한 우주가 불가능한 이유에 대해 이렇게 설명했죠. 우주가 무한할 경우 중력이 무한대가 되고, 모든 방향에서 쏟아져 들어오는 빛의 양도 무한대가 되기 때문에 이는 불가능하다는 겁니다.

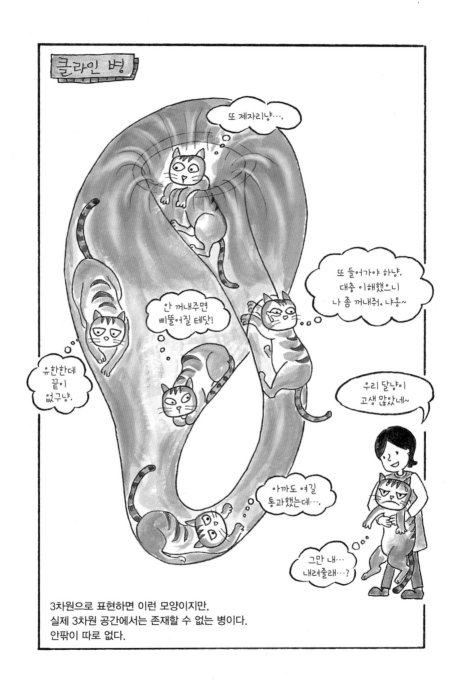

3차원으로 표현하면 이런 모양이지만,
실제 3차원 공간에서는 존재할 수 없는 병이다.
안팎이 따로 없다.

Chapter 7. 우주는 끝이 있을까?

그리고 공간의 한 위치에 떠 있는 유한한 우주는 별과 에너지가 우주에서 빠져나가는 것을 막아줄 아무런 것도 없기 때문에 역시 불가능하며, 오로지 '유한하면서 경계가 없는' 우주만이 가능하다고 생각했죠.

아인슈타인의 일반 상대성 이론에 따르면, 우주는 시공간이라는 근본적인 천으로 짜여진 것이며, 이 천은 물질에 의해 휘어져 있다는 것입니다. 우리가 중력을 느끼는 것은 이 휘어진 시공간의 기하학적인 효과라고 봅니다. 미국의 물리학자 존 휠러는 아인슈타인의 시공간 개념을 "물질은 공간의 곡률을 결정하고, 공간은 물질의 운동을 결정한다"라는 말로 표현했죠.

우주에 존재하는 질량이 공간을 휘어지게 만들고, 그래서 우주 전체로 볼 때 우주는 그 자체로 완전히 휘어져 들어오는 닫힌 시스템이죠. 따라서 유한하지만 경계나 끝도 없고, 가장자리나 중심도 따로 없는 우주라는 겁니다. 이것이 바로 깊은 사유 끝에 아인슈타인이 도달한 우주의 구조랍니다.

독일의 물리학자 막스 보른은 "유한하지만 경계가 없는 우주의 개념은 지금까지 생각해왔던 세계의 본질에 대한 가장 위대한 아이디어의 하나"라고 평했습니다.

현재 우주의 크기는 약 930억 광년이란 NASA의 계산서가 나와 있습니다. 138억 년 전에 태어난 우주가 이처럼 큰 것은 초기에 빛의 속도보다 빠르게 팽창했기 때문이랍니다. 이를 '인플레이션'이라 하죠. 아인슈타인의 특수 상대성 이론❶에 따르면 우주에서 빛보다 빠른 것

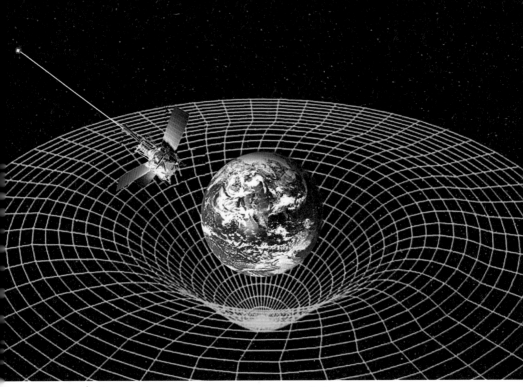

물체의 질량이 중력을 만들고, 중력이 우주의 시간과 공간을 휘게 한다. 빛도 이 시공간에서 휘어진다. (출처/NASA)

은 없다고 하지만, 우주는 공간 자체가 팽창하는 것이기 때문에 그에 구애받지 않는답니다. 어쨌든 현대 우주론은 우주의 끝에 대해 이렇게 결론 내리고 있죠.

-우주는 유한하나 그 경계는 없다.

❶ 광속이 모든 관찰자에 대해 동일하다는 원칙에 근거해서 시간과 공간 사이의 관계를 기술하는 이론이다. 시간과 공간은 절대적인 것이 아니며, 속도에 따라 상대적이라는 결과를 내는 이론으로, 1905년에 아인슈타인이 발표했다.

우주는 어떤 종말을 맞을까?

우주는 '무'에서 시작해서 빅뱅을 거친 후 급팽창을 거듭했으며, 이 윽고 별과 은하의 씨앗을 탄생시키고, 오늘날의 대규모 구조에 이르기 까지 진화를 계속해왔습니다.

그렇다면 이 우주는 앞으로도 계속 팽창할 것인가?

아니면 언젠가 이 팽창을 멈추고 수축할 것인가?

그것은 전적으로 이 우주에 물질이 얼마나 담겨 있는가에 달려 있 죠. 우주의 미래를 판단하는 데는 이 우주의 물질밀도가 결정적인 역 할을 한답니다.

아인슈타인의 일반 상대성 이론에 따르면, 중력은 물질뿐 아니라 우주 공간 자체에도 영향을 미칩니다. 즉, 물질이 갖는 중력은 우주 팽 창에 브레이크 역할을 하죠. 그리고 이 제동력의 크기는 물질의 양에 따라 결정된답니다. 제동력과 우주 팽창의 힘이 균형을 이루면 우주는 팽창을 멈추겠죠. 이때의 물질량을 우주의 임계밀도라 해요.

현재의 우주밀도와 임계밀도의 관계에 따라 우주의 운명이 가름되 는데, 그 가능성은 세 가지입니다. 참고로, 우주의 임계밀도는 $1m^3$당 수소원자 10개 정도랍니다. 이게 어느 정도의 밀도인가 하면, 큰 성당 안에 모래 세 알을 던져넣으면 수많은 은하와 별들을 포함하고 있는 지금의 우주밀도보다 더 높습니다. 이것은 인간이 만들 수 있는 어떤 진공상태보다도 완벽한 진공이죠.

우주의 미래는 우주밀도가 임계밀도보다 작으면 우주는 영원히 팽창하고(열린 우주), 그보다 크다면 언젠가는 팽창을 멈추고 수축하기 시작합니다(닫힌 우주). 또 다른 가능성은 팽창과 수축을 반복하며 끝없이 순환하는 것입니다(진동 우주). 우주밀도와 임계밀도가 같아 곡률이 없는 편평한 우주라면, 언젠가 우주 팽창이 끝나지만 그 시점은 무한대가 됩니다.

최근의 관측 결과는 2% 오차 범위 내에서 우주는 편평한 것으로 나타났어요. 우리는 다소 지루하겠지만 당분간 팽창하는 우주를 하염없이 바라봐야 할 운명인 셈이죠.

그러나 어느 쪽의 우주가 되든, 우주가 무질서도(엔트로피)❶의 극한을 향해 서서히 무너져가는 것은 우울하지만 피할 수 없는 운명으로 보입니다. 많은 이론물리학자들은 우주가 언젠가 종말에 이를 것이며, 그 과정은 이미 시작되었다고 믿고 있답니다.

우주 종말 시나리오 3종 세트

우주가 어떻게 끝날 것인지는 확실히 알 수 없지만, 과학자들은 대략 다음과 같은 3개의 시나리오를 뽑아놓고 있답니다. 이른바 대함몰(big crunch), 대파열(big rip), 대동결(big freeze) 시나리오죠.

이 종말 시나리오 3종 세트에 따르면, 우주는 결국 스스로 붕괴를 일

❶ 자연은 무질서도가 증가하는 방향으로 나아간다. 이를 수치적으로 보여주는 것이 엔트로피로, 무질서도의 척도다.

으켜 완전히 소멸하거나, 우주 팽창 속도가 가속됨에 따라 결국엔 은하를 비롯한 천체들과 원자, 아원자 입자 등 모든 물질이 남김없이 찢겨 종말을 맞을 거라고 합니다.

대파열 시나리오에 따르면, 강력해진 암흑에너지가 우주의 구조를 뒤틀어 처음에는 은하들을 갈가리 찢고, 블랙홀과 행성, 별들을 차례로 찢습니다. 이러한 대파열은 우주를 팽창시키는 힘이 은하를 결속시키는 중력보다 더 세질 때 일어나는 파국입니다. 우주의 급속한 팽창이 물질을 유지시키는 결속력을 무너뜨려, 그 결과 우주는 무엇에도 결합되지 않은 입자들만 캄캄한 우주 공간을 떠도는 적막한 무덤이 될 것입니다.

또 다른 시나리오는 대함몰이죠. 이것은 우주가 팽창을 계속하다가 점점 힘이 부쳐 속도가 떨어질 것이라는 가정에 근거한 것입니다. 그러면 어떻게 될까? 어느 순간 팽창하는 힘보다 중력의 힘 쪽으로 무게의 추가 기울어져 우주는 수축으로 되돌아서게 되죠. 수축 속도는 시간이 지남에 따라 점점 더 빨라져 은하와 별, 블랙홀들이 충돌하고, 마침내 빅뱅이 시작되기 직전의 한 점이었던 태초의 우주로 대함몰한다는 것입니다.

마지막 시나리오는 열사망(熱死亡) ❶ 으로 불리는 대동결입니다. 이것이 현대 물리학적 지식으로 볼 때 가장 가능성 높은 우주 종말의 모습

우주가 팽창하면서 공간의 밀도가 낮아지고 온도가 내려간다. 우주의 모든 별들이 식어 빛을 잃고 암흑으로 빠져든다 (가장 가능성 높은 우주 종말 가설).

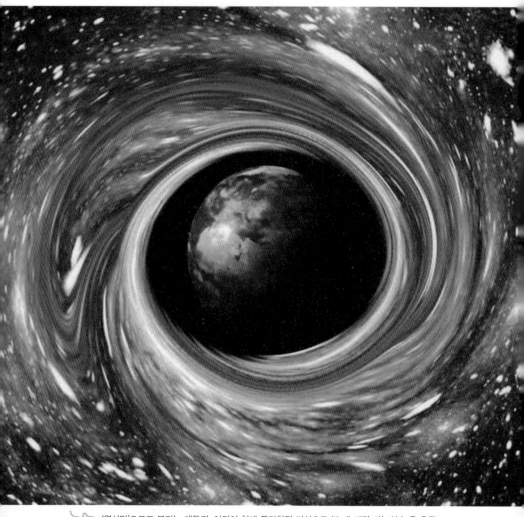

'열사망'으로도 불리는 대동결. 이것이 현대 물리학적 지식으로 볼 때 가장 가능성 높은 우주 종말의 모습이다. (출처/Mehau Kulyk)

슈퍼카 타고 우주 한 바퀴

이라 해요. 대동결설에 따르면, 우주 팽창에 따라 모든 은하들 사이의 거리가 멀어져, 1천억 년 정도 후에는 관측 가능한 범위 내에서 어떤 은하도 보이지 않게 되죠. 그때까지 만약 지적 생명체가 우리은하에 살고 있어 망원경으로 온 우주를 뒤져보더라도 별 하나, 은하 하나 보이지 않게 됩니다.

현재 우리 우주에 수소가 전체 원소 가운데 90%를 차지하지만, 결국 별들이 이 수소를 모두 태우고 나면 별들은 차츰 빛을 잃어 희미하게 깜빡이다가 하나둘씩 스러지고, 우주는 정전된 아파트촌처럼 적막한 암흑 속으로 빠져들게 됩니다.

몇백조 년이 흐르면 모든 별들은 에너지를 탕진해서 더 이상 빛을 내지 못하고, 은하들은 점점 흐려지고 차가워집니다. 은하 속을 운행하는 죽은 별들은 은하 중심으로 소용돌이쳐 들어가 최후를 맞을 것이며, 나중엔 은하들이 뭉쳐져 커다란 블랙홀이 됩니다. 하지만 몇몇 죽은 별들은 다른 별들과의 우연한 만남을 통해 은하계 밖으로 내던져짐으로써 이러한 운명에서 벗어나 막막한 우주 공간 속을 외로이 떠돌 겁니다.

그리고 결국에는 블랙홀과 은하 등 우주의 모든 물질이 사라지게 됩니다. 심지어 원자까지도 붕괴를 피할 길이 없죠. 그러면 우주는 소립자들만이 어지러이 날아다니는 공간이 됩니다. 그동안 공간이 엄청나게 팽창했기 때문에 소립자의 밀도도 낮아질 대로 낮아진 쓸쓸한 공간

❶ 온 우주의 온도가 얼음덩어리처럼 완전 평형을 이루어 어떤 에너지도 이동하지 않은 상태로 우주는 정지한다.

만이 암흑 속에 잠겨 있는 그런 세계가 될 것입니다.

마지막에는 모든 물질의 소동이 사라지고, 어떤 에너지도 존재하지 않는 우주는 하나의 완벽한 무덤이 됩니다. 이것이 바로 영광과 활동으로 가득 찼던 대우주의 우울하면서도 장엄한 종말인 것입니다.

우주와 마지막 인사를…

이제 우리는 우주 슈퍼카를 타고 시공간을 누비며 광활한 우주를 다 돌아보았습니다. 캄캄한 우주에서 보니 그 많은 은하들도 한없이 넓고 캄캄한 바다 위에 띄엄띄엄 떠 있는 조그만 반딧불처럼 보입니다. 우주는 너무 적막하고 어두운 곳이네요. 밝은 지구와 가족이 있는 내 집이 그리워집니다.

이제는 우리은하 내 태양계의 제3행성인 고향 지구로 이 빨간 슈퍼카를 돌립시다. 그러고 보니 지구를 떠나온 지도 정말 까마득한 옛날 같네요. 하지만 예별이도 나도 슈퍼카 덕분에 늙지 않아 다행이에요.

"예별이는 지구로 돌아가면 여전히 중2로 학교에 가야지?"

"네, 학교도 집도 그리워요. 친구랑 가족들도….."

"그렇지? 앞으로 살아가다 보면 힘든 일도 많이 있을 텐데, 그럴 땐 심호흡 한번 하고 이렇게 생각하면 도움이 될 거야. '지금 이 순간에도

지구는 초속 30km로 저 태양 둘레를 돌고, 우주는 빛의 속도로 팽창하는데, 이만한 일에 내가 힘들다 생각하면 안 되지'."

"그럴 것 같아요, 스타맨. 제가 지구에서 하던 고민들, 우주를 돌아보니 별것도 아닌 것 같네요. 우주는 정말 신비 그 자체예요."

"그래서 어떤 독자는 이런 댓글을 달았단다. '우주는 참으로 위대하다. 자살하지 마라. 누가 잘살고 잘났고 다 필요없다. 무의미하다. 오늘 살아 있는 것에 감사하라'."

대한민국의 모든 로틴(lowteen) 여러분들의 행운과 건투를 빕니다.

외계인 받으세요~
- 보이저 1호의 몸통에 붙인 편지

인간의 모든 신화와 문명에서 절대적 중심이었던 태양, 그 영향권으로부터 최초로 벗어나 호수처럼 고요한 성간 공간을 날아가고 있는 722kg짜리 보이저 1호의 몸통에는 이색적인 물건 하나가 붙어 있다. 외계인과의 만남을 대비해 지구를 소개하는 인사말과 영상, 음악 등을 담은 골든 레코드다. 물론 외계인이 존재하는지도 현재로선 알 수 없고, 또 존재한다 하더라도 보이저를 발견할 확률은 아주 낮다. 그러나 골든 레코드가 없다면 그 확률은 아예 '0'일 것이다.

이 음반을 보이저에 동봉하자는 아이디어를 낸 사람은 〈코스모스〉의 저자인 천문학자 칼 세이건이었다. 그는 일찍이 "이 우주에 지구에만 생명체가 존재한다면 엄청난 공간의 낭비"라고 말하며 외계인의 존재를 굳게 믿었다. 그래서 뜻을 같이하는 과학자들과 함께 지구를 대표할 수 있는 사진과 음악, 소리를 골라서 '우리가 여기에 있다'는 메시지를 골든 레코드에 담아냈던 것이다.

'지구의 소리(THE SOUNDS OF EARTH)'라는 제목을 가진 이 음반은 12인치짜리 구리 디스크로, 표면에 금박을 입혀 골든 레코드라는 별명이 붙었다. 여기에는 지구를 대표하는 음악 27곡, 55개 언어로 된 인사말, 지구와 생명의 진화를 표현한 소리 19개, 지구 환경과 인류 문명을 보여주는 사진 118장이 실렸다. 인사말 중에는 '안녕하세요?' 하는 한국어도 포함되어 있다.

미세한 우주 먼지에 의한 손상을 막기 위해 재생기와 함께 알루미늄 보호 케이스에

~~~ "안녕, 지구야~" 안테나를 희미한 태양 쪽으로 향한 채 태양계를 떠나는 보이저 1호. 몸통에 붙어 있는 노란 판은 지구의 인사를 담은 골든 레코드이다. (출처/NASA)

보관되어 있는 보이저 레코드판의 수명은 약 10억 년으로 추산된다. 그리고 탐사체 몸통에 붙어 있는 안쪽 면의 수명은 우주의 수명과 맞먹는다. 보이저가 별이나 행성, 소행성 따위에 들이받지만 않는다면 골든 레코드의 수명은 거의 영원이라는 얘기다.

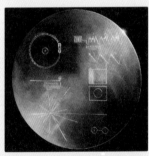

~~~ 골든 레코드 표지에 실린 레코드 재생 방법을 설명한 그림. (출처/NASA)

10억 년만 지나도 태양은 과열되기 시작해 지구의 바다를 다 증발시킬 것이며, 이윽고 지구는 숯덩이처럼 타버리고 말 것이다. 그래도 보이저는 인류가 한때 우주의 어느 한구석에 존재했었다는 흔적을 지닌 채 영원히 우리은하의 중심을 떠돌 것이다.